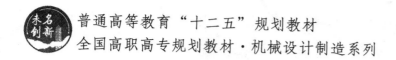

普通高等教育"十二五"规划教材

全国高职高专规划教材·机械设计制造系列

变频技术及应用

黄　华　主　编

吴　硕　副主编

任亚军　刘国钰　参　编

北京大学出版社

PEKING UNIVERSITY PRESS

内 容 简 介

在世界能源日益紧缺的今天，变频器以其节能、高效的优势，广泛应用于自动化的各个领域。

本书以西门子 MM440 变频器和三菱 FR-E700 变频器为例，以基本操作和工程应用为重点，通过典型工程项目的形式，介绍了变频器的基本使用方法和操作技能。本书共分四个项目，每个项目均有项目背景、控制要求、知识链接、技能训练和项目设计方案。

本书可用作高等职业院校电气自动化技术专业、机电一体化技术专业等相关专业的教材，也可供工矿企业的电气技术人员、中高级电工、设备操作人员使用参考。

图书在版编目（CIP）数据

变频技术及应用/黄华主编. —北京：北京大学出版社，2013.1
（全国高职高专规划教材·机械设计制造系列）
ISBN 978-7-301-21932-4

Ⅰ.①变… Ⅱ.①黄… Ⅲ.①变频技术—高等职业教育—教材 Ⅳ.①TN77

中国版本图书馆 CIP 数据核字（2013）第 004914 号

书　　　　名：变频技术及应用
著 作 责 任 者：黄　华　主编
策 划 编 辑：温丹丹
责 任 编 辑：温丹丹
标 准 书 号：ISBN 978-7-301-21932-4/TP·1270
出 版 发 行：北京大学出版社
地　　　　址：北京市海淀区成府路 205 号　100871
电　　　　话：邮购部 62752015　发行部 62750672　编辑部 62765126　出版部 62754962
网　　　　址：http://www.pup.cn　新浪官方微博：@北京大学出版社
电 子 信 箱：zyjy@pup.cn
印 刷 者：北京富生印刷厂
经 销 者：新华书店
　　　　　　787 毫米×1092 毫米　16 开本　9 印张　219 千字
　　　　　　2013 年 1 月第 1 版　2018 年 1 月第 3 次印刷
定　　　　价：20.00 元

前　言

交流变频调速技术是 20 世纪 80 年代迅速发展起来的一种新型电力传动调速技术。交流变频调速用于交流异步电动机的调速，具有高效、节能、调速范围大、机械特性硬、精度高和运行可靠等优点，因此在多个行业中得到了广泛的应用。在我国目前掌握变频调速设备维护和安装调试的维修电工奇缺。

本书按照辽宁装备制造职业技术学院"六化"办学理念、"工厂化"办学要求，依据机电类专业高技能型人才培养要求，以及高职教育的教学要求和办学特点，突破传统学科教育对学生技术应用能力培养的局限，以理论和实训一体化模式构建教学体系。本书的主要特点如下。

1. 以工学结合、"教学做"一体为指导思想，结合现代社会对人才的需求，以国家最新的《维修电工国家职业标准》为依据，突出了工艺要领和操作技能的培养。

2. 充分利用新的科学技术成果，体现现代科学的发展趋向，符合工程实际状况，富有时代气息，体现了职业岗位的需要，能够反映行业发展趋势，融入新内容、新知识、新技术、新规范。

3. 内容项目化、工程化。

本书由黄华任主编，吴硕担任副主编，任务一由吴硕、任亚军编写；任务二由吴硕编写，任务三由黄华编写，任务四由刘国钰编写。

本书在编写过程中得到了沈阳鼓风机集团单伟高级工程师以及辽宁装备制造职业技术学院马广君、马鸣鹤两位老师的指点，在此表示感谢。在本书编写过程中，参考了有关资料和文献，在此向作者表示衷心感谢。

由于编者水平有限，且时间仓促，书中难免有疏漏、错误和不足之处，恳请读者批评指正。

编　者
2012 年 12 月

本教材配有教学课件，如有老师需要，请加 QQ 群（279806670）或发电子邮件至 zyjy@pup.cn 索取，也可致电北京大学出版社：010-62765126。

目　　录

项目一　自动化生产线
输送带的变频控制

变频器主要用于交流电动机的转速调节。与传统的调速技术相比，变频调速具有极大的优越性，整个调速系统体积小、重量轻、控制精度高、保护功能完善、工作安全可靠、操作过程简便、通用性广，使传动控制系统具有优良的性能。与常规的不调速电动机拖动相比，用变频调速装置驱动电动机去拖动风机、水泵及其他机械时，节能效果十分可观。本项目通过介绍生产线输送带的变频控制方案来了解变频器的最简单应用。

本项目的学习目标如下。

知识目标

（1）了解交流电动机的调速方式；
（2）熟悉变频调速的基本原理及其优缺点；
（3）掌握变频器中常用的电力电子器件；
（4）掌握变频调速的控制方式；
（5）掌握变频器主电路结构及各部分工作电路的工作原理。

技能目标

（1）能对通用变频器进行简单接线；
（2）能进行变频器的简单调试，并能设置相应的变频器参数；
（3）能采用不同的运行模式来解决简单的变频调速项目。

职业素养目标

树立安全用电意识，并能从电动机调速系统的发展轨迹来看待变频器在实际工程中的应用背景。

1.1　项目背景及控制要求

1.1.1　项目背景

在很多的生产线中，都要用到皮带传送机，它可以快速地传送生产过程中的产品和配件等，能够使产量和生产效率大大提高。例如，在自动化生产线的分拣结构中（如图 1-1 所示），传送带是不可缺少的部分，而在传送带上应用变频器工艺控制系统具有以下三个优点。

（1）提高生产效率。通过设定变频器的频率，可控制传送带生产线的速度，从而达到提高生产率的目的。

（2）可利用现有设备。电动机的启动和停止是由操作台上的外部按钮控制。

（3）可用一台变频器来控制多台电动机驱动。这些电动机均并接到一台变频器上，通过变频器的频率设定可以保证多台电动机同步运行。

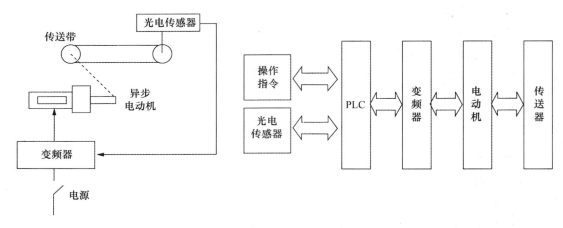

图 1-1　传送带工艺过程示意图

1.1.2　控制要求

现在要求该传送带采用变频控制，已知传送带采用三相鼠笼异步电动机，容量为 0.75kW，三相交流为 380 V，请设计合理的控制方案，具体要求如下。

（1）变频器的启动由按钮和光电传感器的检测信号来控制。

（2）能进行正转与反转控制，且通过操作台上的按钮进行控制，不采用变频器的面板操作。

（3）电动机的频率是通过电位器设定的。

（4）根据工艺要求设置传送带加速度和最快速度。

1.2　知识链接：变频器原理及基本应用

1.2.1　交流调速的基本知识

1. 异步电动机转速公式

三相交流电动机中，一个十分重要的"角色"便是旋转磁场，它是三个交变磁场合成的结果。这三个交变磁场的特点如下。

（1）产生磁场的交变电流在时间上互差三分之一周期（$T/3$），这是由三相交流电源本身的特点所决定的。

（2）三个磁场的轴线在空间位置上互差 $2\pi/3$ 电角度，这可以通过三相绕组在定子铁芯中的安排来实现。

旋转磁场的转速称为同步转速，由式（1-1）决定

$$n_0 = \frac{60f}{p} \tag{1-1}$$

式（1-1）中，n_0——同步转速，r/min；

　　　　　　f——异步电动机的频率，Hz；

　　　　　　p——电动机极对数。

而异步电动机之所以被冠以"异步"二字，是因为其转子的转速 n_M 永远也跟不上旋转磁场的转速 n_0。两者之差称为转差：

$$\Delta n = n_0 - n_M \tag{1-2}$$

式（1-2）中，Δn——转差，r/min。

转差与同步转速之比，称为转差率：

$$s = \frac{\Delta n}{n_0} = \frac{n_0 - n_M}{n_0} \tag{1-3}$$

由式（1-1）和式（1-3），可以推导出：

$$n_M = \frac{60f}{p}(1-s) \tag{1-4}$$

2. 异步电动机调速方案

从式（1-4）中可知，异步电动机的调速方案有以下几种。

（1）改变磁极对数

这种方法可以通过改变定子绕组的接法来实现。此法的缺点是十分明显的：一台电动机最多只能安置两套绕组，每套绕组最多只能有两种接法，所以最多只能得到 4 种转速，与无级调速相去甚远。

（2）改变转差率

这种方法适用于绕线转子异步电动机，通过滑环与电刷改变外接电阻值来进行调速。显然，这是通过改变在外接电阻中消耗能量的多少来调速的，不利于节能。此外，由于增加了滑环与电刷，故增加了容易发生故障的薄弱环节。

（3）改变频率

改变电流的频率 f，就可以改变旋转磁场的转速（同步转速），也就改变了电动机输出轴的转速。可见，调节频率可以调速，并且可以无级调速。变频器就是一种可以任意调节其输出电压和频率，使三相交流异步电动机实现无级调速的装置。变频调速时，从高速到低速都可以保持有限的转差率，因此变频调速具有高效率、宽范围和高精度的调速性能。可以认为变频器调速是交流电动机的一种比较合理和理想的调速方法。

但变频调速出现了一个新问题：当频率下降时，电动机的输出功率将随转速的下降而下降，但输入功率和频率之间却并无直接关系。于是在输入和输出功率之间将出现能量的失衡，这种失衡必将反映在传递能量的磁路中。所以，要说清楚变频变压的问题，必须从电动机的能量传递环节入手。

3. 异步电动机能量传递过程

电源的三相交变电流通入电动机定子的三相绕组后，其合成磁场是一个旋转磁场，转速是 n_0。旋转磁场被转子绕组（鼠笼条）切割，转子绕组中产生感应电动势 E_2 和感应电流 I_2。感应电流又和旋转磁场相互作用，便产生电磁转矩 T_M，在 T_M 的作用下，转子将以转速 n_M 旋转。由于只有在切割旋转磁场的情况下，转子绕组才可能产生感应电动势 E_2 和感应电流 I_2。而如果转子的转速和同步转速相等的话，转子绕组将不再切割磁力线，也不会产生感应电流和转矩，转子便失去了旋转的动力。因此，转速 n_M 永远小于同步转速 n_0，两者之差称为转差，用 Δn 表示，具体说明如下。

（1）输入功率

三相交流异步电动机的输入功率就是从电源吸取的电功率，用 P_1 表示，计算公式如下：

$$P_1 = 3U_1 I_1 \cos\varphi_1 \tag{1-5}$$

式（1-5）中，P_1——输入功率，kW；

U_1——电源相电压，V；

I_1——电动机的相电流，A；

$\cos\varphi_1$——定子绕组的功率因数。

（2）电磁功率

定子输入功率中减去定子绕组的铜损 p_{Cu1} 和铁损 p_{Fe1} 后，将全部转换成传输给转子的电磁功率 P_M，计算公式如：

$$P_M = 3E_1 I_1 \cos\varphi_1 \tag{1-6}$$

式（1-6）中，P_M——电磁功率，kW；

E_1——定子每相绕组的反电动势，V。

定子绕组的反电动势是定子绕组切割旋转磁场的结果，其有效值计算如下：

$$E_1 = 4.44 K_E f N_1 \Phi_1 \tag{1-7}$$

式（1-7）中，N_1——定子每相绕组的匝数；

Φ_1——定子每对磁极的磁通，Wb；

K_E——绕组的电势系数。

式（1-7）表明，当频率一定时，E_1 的大小直接反映了磁通 Φ_1 的大小。

（3）转子侧的电磁功率

转子是通过电磁感应得到从定子传递过来的电磁功率的，其大小由式（1-8）计算：

$$P_M = 3E'_2 I'_2 \cos\varphi_2 \tag{1-8}$$

式（1-8）中，E'_2——转子等效绕组每相电动势的折算值，V；

I'_2——转子等效绕组相电流的折算值，A；

$\cos\varphi_2$——转子等效绕组的功率因数。

此处，所谓转子的等效绕组，是一组效果与实际绕组（鼠笼条）完全相同的假想绕组，其结构与定子绕组相同。等效绕组中的各物理量都缀以"′"，是转子等效绕组切割旋转磁场的结果，其有效值计算如下：

$$E'_2 = 4.44 K_E f N_1 \Phi_1 \tag{1-9}$$

比较式（1-7）和式（1-9）可以看出，由于转子等效绕组的结构和定子绕组完全相同，因此：

$$E'_2 = E_1$$

（4）输出功率

电动机的输出功率就是轴上的机械功率，其大小由式（1-10）计算：

$$P_2 = \frac{T_{\mathrm{M}} n_{\mathrm{M}}}{9\,550} \tag{1-10}$$

电磁转矩是转子电流与磁通相互作用的结果，其大小计算如下：

$$T_{\mathrm{M}} = K_{\mathrm{T}} \Phi_1 I'_2 \cos\varphi_2 \tag{1-11}$$

当电动机的工作频率 f_{X} 下降时，各部分功率的变化情形如下。

（1）输入功率

在式（1-5）中，与输入功率 P_1 有关的各因子中，除 $\cos\varphi_1$ 略有变化外，其他都和 f_{X} 没有直接关系。因此，可以认为，f_{X} 下降时，P_1 基本不变。

（2）输出功率

由于在等速运行时，电动机的电磁转矩 T_{M} 总是和负荷转矩相平衡，所以，在负荷转矩不变的情况下，T_{M} 也不变。而输出轴上的转速 n_{X} 必将随 f_{X} 下降而下降，由式（1-10）知，输出功率 P_2 也随 f_{X} 的下降而下降。

（3）电磁功率

当输入功率 P_1 不变而输出功率 P_2 减小时，传递能量的电磁功率 P_{M} 必然增大。这意味着磁通 Φ 也必然增大，并导致磁路饱和。这是异步电动机在电流频率下降时出现的一个特殊问题。

（4）保持磁通不变的准确方法

由式（1-7）可知，反电动势的大小既和频率大小成正比，也和磁通的振幅值（或有效值）成正比。所以，如果能保持：

$$\frac{E_1}{f_1} = const \tag{1-12}$$

则磁通 Φ_1 将保持不变。但反电动势 E_1 是线圈自身产生的，无法从外部控制其大小，故式（1-12）所表达的条件将难以实现。由定子的一相等效电路可知，定子绕组的阻抗压降 ΔU 所占比例较小，因此，用比较容易从外部进行控制的外加电压 U_1 来近似地代替反电动势 E_1 是具有现实意义的。即：

$$\frac{U_1}{f_1} = const \rightarrow \Phi_1 = const \tag{1-13}$$

1.2.2　变频器的控制方式

目前，变频器中常用的控制方式有：V/F 控制、矢量控制、直接转矩控制以及一些智能控制方式等。下面仅对前三种控制方式作介绍。

1. V/F 控制

在上述内容已经介绍了在采用变频调速时，通常希望保持电动机每极的磁通量为额定值，并保持不变。这是因为：磁通小，铁芯没有被充分利用；磁通过大，将会使铁芯深度饱和，导致励磁电流急剧增大，使绕组过热损坏电动机。那么，如何保证磁通不变呢？

由以前所学知识可知，异步电动机定子绕组电压平衡方程式为：

$$\begin{cases} U = -E + \Delta U \\ E = 4.44 f k_{w1} N \Phi_m \end{cases} \qquad (1\text{-}14)$$

式（1-14）中，U——加在定子每相绕组上的电压，V；

$\qquad\qquad E$——每相绕组的反电动势，V；

$\qquad\qquad \Delta U$——定子阻抗压降，V；

$\qquad\qquad f$——定子频率，Hz；

$\qquad\qquad k_{w1}$——与绕组有关的结构常数；

$\qquad\qquad N$——定子每相绕组串联匝数；

$\qquad\qquad \Phi_m$——每极气隙磁通量，Wb。

由于 $4.44k_{w1}N$ 为常数，ΔU 往往可以忽略，故根据式（1-14）有：

$$U \approx E \propto f\Phi_m \qquad (1\text{-}15)$$

下面分两种情况讨论。

（1）额定频率以下调速（$f \leqslant f_n$）。当 f 小于额定频率时，为保证磁通 Φ_m 不变，由式（1-14）可知，必须使 E/f = 常数。由于定子反电动势不易直接控制，由式（1-15）可知，通过控制 U 即可控制 E，即有：U/f = 常数，由于在额定频率以下调速时磁通恒定，所以转矩恒定，其调速属于恒转矩调速。

（2）额定频率以上调速（$f \geqslant f_n$）。电动机工作在额定频率时，其定子电压为额定电压，所以要在额定频率以上调速时，U 只能保持不变。由式（1-15）可知，磁通随频率升高而降低，最大转矩减少，电动机输出功率基本不变，其调速属于恒功率调速。

2. 矢量控制

矢量控制实现的基本原理是通过测量和控制异步电动机定子电流矢量，根据磁场定向原理分别对异步电动机的励磁电流和转矩电流进行控制，从而达到控制异步电动机转矩的目的。具体方法是将异步电动机的定子电流矢量分解为产生磁场的电流分量（励磁电流）和产生转矩的电流分量（转矩电流）分别加以控制，并同时控制两个分量之间的幅值和相位，即控制定子电流矢量，所以称这种控制方式称为矢量控制方式。

矢量控制方式又有基于转差频率控制的矢量控制方式、无速度传感器矢量控制方式和有速度传感器矢量控制方式等。这样就可以将一台三相异步电动机等效为直流电动机来控制，因而获得与直流调速系统同样的静、动态性能。矢量控制算法已被广泛地应用在 SIEMENS、ABB、GE、Fuji 等国际化大公司变频器上。目前，新型矢量控制通用变频器中已经具备异步电动机参数自动检测、自动辨识、自适应功能，带有这种功能的通用变频器在驱动异步电动机进行正常运转之前可以自动地对异步电动机的参数进行辨识，并根据辨识结果调整控制算法中的有关参数，从而对普通的异步电动机进行有效的矢量控制。

现在以异步电动机的矢量控制为例说明控制过程。首先，通过电动机的等效电路来得出一些磁链方程，包括定子磁链、气隙磁链、转子磁链，其中，气隙磁链是连接定子和转子的。一般的感应电动机转子电流不易测量，所以通过气隙来中转，把它变成定子电流。其次，有一些坐标变换，先是通过 3/2 变换，变成静止的 $d-q$ 坐标，然后通过前面的磁链方程产生的单位矢量来得到旋转坐标下的类似于直流电动机的转矩电流分量和磁场电流分量，这样就实现了解耦控制，加快了系统的响应速度。最后，再经过 2/3 变换，产生三相交流电去控制电动机，这样就获得了良好的性能。

3. 直接转矩控制

和矢量控制系统一样，直接转矩控制也是分别控制异步电动机的转速和磁链，而且采用在转速环内设置转矩内环的方法，以抑制磁链变化对转速子系统的影响。因此，转速与磁链子系统也是近似解耦的。

转矩和磁链都采用直接反馈的控制，从而避开了将定子电流分解成转矩和励磁分量的做法，省去了旋转坐标变换，简化了控制器的结构，但却带来了转矩脉动，因而限制了调速范围。

选择定子磁链作为被控制的磁链，而不像矢量控制系统那样选择转子磁链。这样一来，稳态的机械特性虽然差一些，却能使控制性能不受转子参数变化的影响，这是优于矢量控制的主要方面。

4. 各种控制方式的特点及应用

（1）V/F 控制

V/F 控制变频器结构简单、成本低、机械特性硬度好，能满足传动机构的平滑性调速的要求。但是这种调速控制方式，在低频时，由于电压较低，转矩受定子阻抗压降影响较为明显，使最大输出转矩减少，此时必须进行转矩补偿，以改变低频转矩特性。另外，这种变频器采用开环控制方式，不能达到较高的控制性能，故 V/F 控制一般用于通用性变频器，在风机、泵类机械的节能运转及生产线输送带的传动中常采用 V/F 控制的变频器。

（2）矢量控制

矢量控制具有动态响应快、调速范围宽、低频转矩大、控制灵活等优点，使得异步电动机调速可以获得和直流电动机相媲美的调速性能。同时，矢量控制也存在着系统结构复杂、通用性差（一台变频器只能带一台电动机，而且与电动机特性有关）等不足之处。

（3）直接转矩控制

不同于矢量控制，直接转矩控制具有鲁棒性、转矩动态性好、控制结构接单、计算简便等优点，它在很大程度上解决了矢量控制中结构复杂、计算量大、对参数变化敏感等问题。然而作为一种诞生不久的新理论、新技术，直接转矩控制方式自然有其不完善不成熟之处：一是在低速时，由于定子电阻变化而带来了一系列问题，主要是定子电流和磁链的畸变非常严重；二是低速时转矩脉动大，因而限制了调速范围。

1.2.3　变频器常用电力电子器件

1. 门极可关断晶闸管——GTO

门极可关断晶闸管用 GTO 表示，具有耐压高、电流大等优点，同时又具有自关断能力、使用方便等优点，是理想的高电压、大电流开关器件。目前，GTO 的容量已经达到 3 000 A/4 500 V。

（1）GTO 的结构

门极可关断晶闸管有三个电极：阳极 A、阴极 K 和门极 G。GTO 在电路中的符号如图 1-2（a）所示。

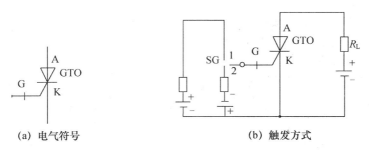

(a) 电气符号　　　　　　　　　　　(b) 触发方式

图 1-2　门极可关断晶闸管

（2）GTO 的工作原理

在门极加上正电压或正脉冲，如图 1-2（b）中将开关 SG 投向位置"1"，则 GTO 导通。其后即使撤销信号，GTO 也保持导通状态。

如果在门极 G 和阴极 K 之间加入反向电压或较强的反向脉冲，可使开关 SG 投向位置"2"，致使 GTO 关断。

（3）GTO 变频器特点

GTO 具备可关断能力，可以应用脉宽调制技术来实现变频调速。

由于 GTO 开关频率较低，通常低于 1kHz，故在中小容量变频器中已基本不用；但其基本结构与晶闸管相同，故具有高电压、大电流的特点。迄今 GTO 最高水平已超过 10kA，12kV，所以成为高电压、大容量变频器中的主要逆变器件。

2. 电力晶体管——GTR

（1）GTR 的结构

电力晶体管是由两个或多个晶体管复合而成的复合晶体管（达林顿管，也称为大功率晶体管 GTR 或双极晶体管 BJT）构成，如图 1-3 所示。复合后的集电极就作为 GTR 的 C 极，复合后的发射极就作为 GTR 的 E 极，复合后的基极就作为 GTR 的 B 极。达林顿管结构可以是 PNP 型也可以是 NPN 型，其性质由驱动管来决定，如图 1-3 所示。其中 V_1 为驱动管，V_2 为输出管。

(a) PNP型　　　　　　　　　　　(b) NPN型

图 1-3　达林顿管结构

（2）GTR 的工作原理

我们用图 1-4 所示的共射极开关电路来说明器件的工作原理。

当 GTR 的基极输入正向电压时，GTR 导通，此时发射结处于正向偏置状态（$U_{BE} > 0$），集电结也处于正向偏置状态（$U_{BC} > 0$）。

当基极输入反向电压或零时，GTR 的发射结和集电结都处于反向偏置状态（$U_{BE} < 0$，$U_{BC} < 0$）。在这种情况下，GTR 处于截止状态。

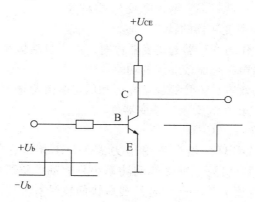

图 1-4　GTR 的开关电路

（3）以 GTR 为逆变管的变频器的特点

① 输出电压。可以采用脉宽调制方式，故输出电压为幅值等于直流电压的强脉冲序列。

② 载波频率。GTR 由于开通和关断时间较长，故允许的载波频率较低，大部分变频器的上限载波频率约为 $1.2\sim1.5\,kHz$。

③ 电流波形。由于载波频率较低，故电流的高次谐波成分较大。这些高次谐波电流将在硅钢片中形成涡流，并使硅钢片相互间因产生电磁力而振动。又因为载波频率处于人耳对声音较为敏感的区域，故电动机有较强的电磁噪声。

④ 输出转矩。因为电流中高次谐波的成分较大，故在 $50\,Hz$ 时，电动机轴上的输出转矩与工频运行时相比，略有减小。

3. 电力场效应晶体管——Power MOSFET

（1）电力 MOSFET 的结构

电力场效应晶体管，也称功率场效应晶体管，简称电力 MOSFET（Power MOSFET）。电力 MOSFET 有三个电极，分别为栅极 G、源极 S 和漏极 D。根据导电沟道，电力 MOSFET 分为 P 沟道和 N 沟道。电力 MOSFET 的电气符号如图 1-5 所示。

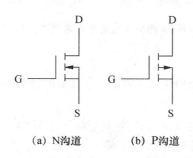

(a) N沟道　　　　(b) P沟道

图 1-5　电力 MOSFET 的电气符号

（2）电力 MOSFET 的工作原理

栅极 G、源极 S 间的控制信号是电压信号 U_{GS}。当 U_{GS} 为负值或为零时，电力 MOSFET 处于截止状态。

若在栅极、源极间加正电压 U_{GS}，当 U_{GS} 大于 U_T（开启电压）时，漏极和源极导电。

U_{CS} 超过 U_T 越多，导电能力就越强，漏极电流 I_D 也越大。

（3）功率场效应晶体管变频器的特点

用功率场效应晶体管作为变频器的逆变器件时，由于载波频率较高，故电动机的电流波形较好，不再有电磁噪声，是比较理想的功率器件。

但迄今为止，功率场效应晶体管的额定电压和额定电流都还不够大，因此只能作为电压较低（如 220 V）、容量较小的变频器逆变器件。

4. 绝缘栅双极晶体管——IGBT

绝缘栅双极晶体管（IGBT）是 GTR 和电力 MOSFET 相结合的产物，既具有开关速度快、输入阻抗高、热稳定性好、所需驱动功率小且驱动电路简单等优点，又具有通态压降小、耐压高及承受电流大等优点，是发展最快而且最有前途的一种复合器件。IGBT 在电动机控制、中频电源、开关电源以及要求速度快、损耗低的领域中得到了广泛的应用。

（1）IGBT 的结构

IGBT 有三个电极，栅极 G、集电极 C 和发射极 E，图 1-6 为 IGBT 的简化等效电路和电气图形符号。图 1-6（a）表明，IGBT 是以 GTR 为主导器件、电力 MOSFET 为驱动器件的达林顿结构的器件，图中 R_N 为 PNP 晶体管基区内的调制电阻。N 沟道的 IGBT 的图形符号如图 1-6（b）所示，对于 P 沟道的 IGBT，其图形符号中的箭头方向与 N 沟道的 IGBT 相反。

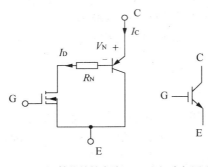

(a) 简化等效电路　　(b) 电气图形符号

图 1-6　IGBT 简化等效电路和电气图形符号

（2）IGBT 的工作原理

IGBT 的驱动原理与电力 MOSFET 基本相同，IGBT 的开通和关断由栅极、发射极电压 U_{GE} 决定。

在栅极、发射极间加正向电压 U_{GE}，当 U_{GE} 大于开启电压 $U_{GE(th)}$ 时，电力 MOSFET 内形成沟道，为晶体管提供基极电流，从而使 IGBT 导通。当栅极、发射极间施加反向电压或不加信号时，电力 MOSFET 内的沟道消失，晶体管的基极电流被切断，因此 IGBT 关断。

（3）IGBT 变频器的特点

① 载波频率高。大多数变频器的载波频率可在 3～15 kHz 的范围内任意调节，载波频率高的结果是电流的谐波成分减小。

② 功耗减小。由于 IGBT 的驱动电路取用电流极小，几乎不消耗功率。而 GTR 基极回路的取用电流常常是安培级的，消耗的功率不可小视。

③ 瞬间停电可以不停机。IGBT 的栅极电流极小，停电后，栅极控制电压衰减较慢，IGBT 管不会立即进入放大状态。因此，在瞬间停电后，变频器允许自动重合闸，而可以不必跳闸。

1.2.4　变频器的组成、结构框图

交流变频调速技术是强弱电混合、机电一体的综合性技术，既要处理巨大的电能的转换（整流、逆变），又要处理信息的收集、变换和传输，因此它的共性技术分成功率转换和弱电控制两大部分。前者要解决与高电压大电流有关技术问题和新型电力电子器件的应用问题，后者主要解决基于现代理论的控制策略和智能控制策略的硬件、软件开发问题，目前状况下主要是全数字控制技术。

1. 变频器的组成

变频器是把电压和频率固定的交流电变成电压和频率可调的交流电的一种电力电子装置，其实际电路相当复杂，图 1-7 所示为变频器的内部组成框图。

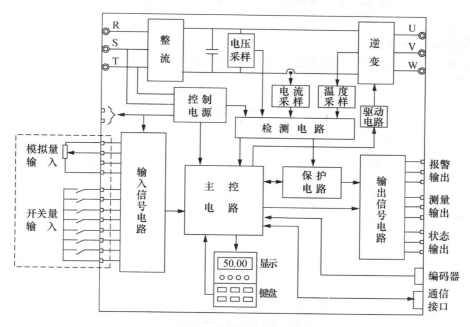

图 1-7　变频器的内部组成框图

从图 1-7 中可以看出，变频器内部主要由以下几部分组成。

（1）主电路单元

主电路单元包括整流和逆变两个主要功率变换单元。电网电压由输入端（R、S、T）输入变频器，经整流器整流成直流电压。整流器通常是由二极管构成的三相桥式整流，直流电压由逆变器逆变成交流电压，交流电压的频率和电压大小受逆变管驱动信号控制，由输出端输出（U、V、W）到交流电动机。

直流中间电路要对整流电路的输出进行滤波，以减少电压或电流的波动。这种直流中

间电路也称为滤波电路。对电压型变频器来说，整流电路的输出为直流电压，可通过大容量的电容对输出电压进行滤波。通常采用电解电容，并且根据变频器的容量的要求，将电容进行串、并联使用，来获得所需的耐压值和容量。

（2）驱动控制单元

驱动控制单元主要包括 PWM 信号分配电路、输出信号电路等。其主要作用是产生符合系统控制要求的驱动信号，驱动控制单元又受中央处理器的控制。

（3）中央处理单元

中央处理单元包括控制程序、控制方式等部分，是变频器的控制中心。外部控制信号、内部检测信号、用户对变频器的参数设定信号等先送到中央处理器，再对变频器进行相关的控制。

（4）保护及报警单元

保护及报警单元主要通过对变频器的电压、电流、温度等信号检测。当出现异常或故障时，该单元将改变或关断逆变器的驱动信号，使变频器停止工作，实现对变频器自我保护。

（5）参数设定与监视单元

参数设定和监视单元主要由操作面板组成，用于对变频器的参数设定和监视变频器当前的运行状态。

2. 变频器的主电路

目前使用的变频器绝大多数为交—直—交变频器，交—直—交变频器的主电路如图 1-8 所示。

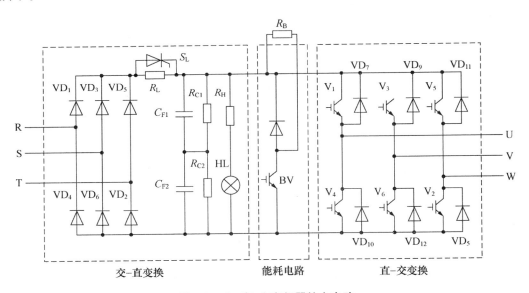

图 1-8　交-直-交变频器的主电路

由图 1-8 可见，主电路主要由整流电路、滤波电路和逆变电路三部分组成。

（1）交—直部分

① 整流电路（$VD_1 \sim VD_6$）。整流电路由 $VD_1 \sim VD_6$ 组成三相可控整流桥，将三相交流电整流成直流，平均直流电压为：$U_D = 1.35 U_L = 1.35 \times 380 = 513$（V），其中，$U_L$ 为电

源线电压。

② 滤波电容（C_{F1}、C_{F2}）。整流后直流电压有脉动，必须加以滤波。滤波电容的主要作用就是进行滤波，另外它在整流电路与逆变器之间起到去耦作用，以消除干扰。

③ 开启电流吸收回路（R_L、S_L）。变频器接通电源时，滤波电容 C_F 充电电流很大，该电流能使整流桥损坏，还可能形成对电网的干扰。为了限制滤波电容的充电电流在变频器开通一段时间后，电路接入限流电阻 R_L，当滤波电容充到一定程度时 S_L 闭合，将 R_L 短接。

④ 电源指示（HL）。HL 主要有两个作用，一是显示电源是否接通，二是在变频器切断电源后，显示电容 C_F 存储的电能是否释放完毕。

思考

有一天，技术员从仓库里领出了一台变频器，打算配用到鼓风机上。按照规定，先通电测试一下。谁知一通电，就发现变频器冒烟，技术员立刻切断了电源。当他把变频器的盖子打开后，发现有一个电阻很烫。技术员想，在开盖情况下再通电观察一次。这一回，电阻倒是不冒烟了，但不一会儿，变频器便因"欠压"而跳闸了。技术员用万用表一量，那个电阻已经烧断了。试分析原因。

---

① 第一种可能，是限流电阻的容量选小了。一般来说，$R_L \geq 50\ \Omega$。

② 第二种可能，是旁路晶闸管没有动作。结果，使限流电阻长时间接在电路里。

③ 第三种可能，是滤波电容器变质了。电解电容器变质的特征，首先是漏电。

一台长时间不用的变频器，突然加上高电压，电解电容器的漏电流可能是相当大的。当第一次合上电源时，变频器内冒烟，很可能就是电解电容器严重漏电，甚至已经短路。而直流电压难以充电到 450 V 以上，短路器件不动作，限流电阻长时间接在电路里，变频器当然要冒烟、烧断了。

（2）直—交部分

① 逆变电路（$V_1 \sim V_6$）。由逆变管 $V_1 \sim V_6$ 组成三相逆变桥，$V_1 \sim V_6$ 交替通断，将整流后的直流电压变成交流电压，这是变频器的核心部分。目前，常用的逆变管有功率晶体管（GTR）、绝缘栅双极晶体管（IGBT）等。

② 续流二极管（$VD_7 \sim VD_{12}$）。其主要功能如下。

➢ 为电动机绕组的无功电流返回直流电路时提供通路。

➢ 当频率下降从而同步转速下降时，为电动机的再生电能反馈至直流电路提供通路。

➢ 为电路的寄生电感在逆变过程中释放能量提供通路。

（3）制动部分

① 制动电阻（R_B）。电动机在降速时处于再生制动状态，回馈到直流电路中的能量将使 U_D 上升，可能导致危险。因此需要将这部分能量放掉，使 U_D 保持在允许的范围内，制动电阻 R_B 就是用来消耗这部分能量的。

② 制动单元（BV）。制动单元一般由 GTR 或 IGBT 及其驱动电路构成，其功能是为流经 R_B 的放电电流提供通路并控制其大小。

1.2.5　变频器的频率给定

1. 变频器的频率给定方式

要调节变频器的输出频率，必须首先向变频器提供改变频率的信号，这个信号称为给定信号。所谓给定方式，就是调节变频器输出频率的具体方法，也就是提供给定信号的方式。

（1）面板给定

通过面板上的键盘或电位器进行频率给定（即调节频率）称为面板给定方式。面板给定又分两种方式。

① 键盘给定。不同变频器的键盘给定方式不一样，西门子 MM440 变频器由键盘上的（▲键）和（▼键）来进行频率大小设定。三菱 FR-700 系列的 PU 面板频率给定是通过 M 旋转按钮进行设定的。键盘给定属于数字量给定，精度较高。

② 电位器给定。部分变频器在面板上设置了电位器，频率大小也可以通过电位器来调节。电位器给定属于模拟量给定，精度较低。

多数变频器在面板上无电位器，故说明书所说的"面板给定"，实际上就是键盘给定。

（2）外接给定

从外部输入频率给定信号，以此来调节变频器输出频率的大小，如图 1-9 所示。

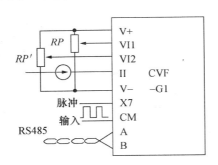

图 1-9　频率给定方式

① 电压信号给定。在大多数情况下，是利用变频器内部提供的给定电源，通过外接电位器得到所需电压信号。多数变频器有两个或两个以上的电压信号输入端，如图 1-9 所示的 VI1 和 VI2 端。给定信号范围包括 $0\sim +10\,V$、$0\sim \pm10\,V$、$0\sim +5\,V$、$0\sim \pm5\,V$ 等。

② 电流信号给定。如图 1-9 所示的 II 端。给定信号范围为 $0\sim20\,mA$、$4\sim20\,mA$ 等。

③ 脉冲给定。通过外接端子输入脉冲序列进行给定，如图 1-9 中所示的 X7 端。

（3）通信接口给定

通过变频器提供的 RS485 接口由微机或 PLC 给定，如图 1-9 中所示的 A、B 端。

（4）可编程输入端子给定

① 升速、降速给定。在可编程输入端子中任选两个，经过功能预置，使之成为升速端子和降速端子。

② 多挡速给定。在可编程输入端子中任选若干个，经过功能预置，使之成为多挡速控制端子。通过这几个端子的不同组合，得到不同的转速。

思考

变频器怎样决定采用何种给定方式？

---

① 控制精度。如果要求精度不高，则采用模拟量输入；如果要求精度较高，则采用数字量给定。

② 控制距离。控制距离是指操作人员与变频器之间的距离。如果距离远，则采用外部给定方式。

③ 抗干扰要求。若变频器周围有干扰源，一般来说，通过外接输入端子进行开关量控制抗干扰能力最强，在模拟量给定方式中，电流给定的抗干扰能力最强。

---

2. 频率给定线的设定及调整

（1）频率给定线

由模拟量进行外部频率给定时，变频器的给定信号 x 与对应的给定频率 f_x 之间的关系曲线 $f_x = f(x)$，称为频率给定线。这里的给定信号 x，既可以是电压信号 U_G，也可以是电流信号 I_G。

在给定信号 x 从 0 增大至最大值 x_{max} 的过程中，给定频率 f_x 线性地从 0 增大至最大频率 f_{max} 地频率给定线称为基本频率给定线。其起点为 $x = 0$，$f_x = 0$；终点为 $x = x_{max}$，$f_x = f_{max}$，如图 1-10 所示。

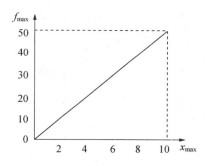

图 1-10　基本频率给定线

f_{max} 为最大频率，在数字量给定（包括键盘给定、外接升速/降速给定、外接多挡转速给定等）时，是变频器允许输出的最高频率；在模拟量给定时，是与最大给定信号对应的频率。

在基本频率给定线上，f_{max} 是与终点对应的频率。

（2）频率给定线的调整方式

在生产实践中，常常遇到这样的情况：生产机械所要求的最低频率及最高频率常常不是 0 和额定频率，或者说，实际要求的频率给定线与基本频率给定线并不一致。因此，需要对频率给定线进行适当的调整，使之符合生产实际要求。

因为频率给定线是直线，所以调整的着眼点便是：频率给定线的起点和终点。各种变频器的频率给定线调整方式大致相同，一般有以下两种方式。

① 设定偏置频率和频率增益方式。

➤ 偏置频率

部分变频器把与给定信号为"0"时对应的频率为偏置频率，用f_{B1}表示，如图1-11所示。偏置频率可直接用频率值f_{B1}值表示或用百分数$f_{B1}\%$表示。

$$f_{B1}\% = \frac{f_{B1}}{f_{max}} \times 100\% \tag{1-16}$$

式（1-16）中，$f_{B1}\%$——偏置频率百分数；

$\qquad\qquad f_{B1}$——偏置频率；

$\qquad\qquad f_{max}$——变频器实际输出的频率。

➤ 频率增益

变频器的最大给定信号对应的频率定义为最大给定频率，当给定信号为最大值x_{max}时，变频器的最大给定频率与最大频率之比的百分数，用$G\%$表示：

$$G\% = \frac{f_{xm}}{f_{max}} \times 100\% \tag{1-17}$$

式（1-17）中，$G\%$——频率增益；

$\qquad\qquad f_{max}$——变频器预置的最大频率；

$\qquad\qquad f_{xm}$——最大给定频率。

在这里，变频器的最大给定频率f_{xm}不一定与最大频率f_{max}相等。当$G\% < 100\%$时，变频器的实际输出的最大频率就等于f_{xm}，如图1-12中的曲线②（曲线①是基本频率给定线）所示；当$G\% > 100\%$，变频器的实际输出的最大频率只能与$G\% = 100\%$时相等，如图1-12中的曲线③所示。

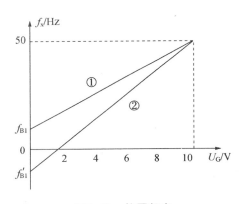

图1-11　偏置频率

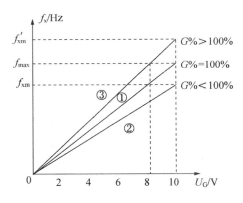

图1-12　频率增益

② 设定坐标方式。部分变频器的频率给定线是通过预置其起点和终点坐标来进行调整的。

直接预置坐标方式。通过直接预置起点坐标（x_{min}，f_{min}）与终点坐标（x_{max}，f_{max}）来预置频率给定线，如图1-13（a）所示。

如果要求频率与给定信号成反比的话，则起点坐标（x_{min}，f_{max}）与终点坐标（x_{max}，f_{min}）预置频率给定线，如图1-13（b）所示。

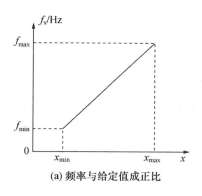
(a) 频率与给定值成正比

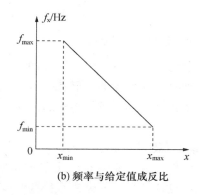
(b) 频率与给定值成反比

图 1-13   直接预置坐标频率给定线

思考

某控制器的输出信号为 $2\sim8\,V$，要求变频器对应频率为 $0\sim50\,Hz$，如何处理？

根据问题要求，如图 1-14 所示，直线 AB 便是所需之频率给定线，预置频率给定线的方法如下。

方法 1：坐标设定法，只需预置图 1-14 中 A 点和 B 点的坐标。

① 起点 A 坐标，$X_{min}=2\,V$，$f_x=0\,Hz$。

② 终点 B 坐标，$X_{max}=8\,V$，$f_x=50\,Hz$。

方法 2：偏置频率与频率增益设定法。

① 偏置频率。图 1-14 中的 AB 延长线与纵轴交于 C 点，对应的频率便是偏置频率，可算出 $f_{B1}=-16.6\,Hz$。

② 频率增益。如图 1-14 中所示的 D 点对应频率为 f_{xm}，频率增益为：

$$G\%=\frac{f_{xm}}{f_{max}}\times100\%=\frac{66}{50}\times100\%=132\%$$

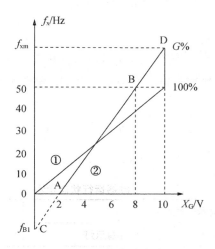

图 1-14   频率给定线

1.2.6　变频器的运转指令

变频器的运转指令是指如何控制变频器的基本运行功能，这些功能包括启动、停止、复位、点动等。变频器的运转指令方式包括键盘（面板）控制、端子控制和通信控制三种。这些运转指令必须按照实际的需要进行选择设置，同时也可以根据功能进行相互之间的方式切换。

1. 面板（键盘）控制

面板操作控制是变频器最简单的运转指令方式，用户可以通过变频器的面板上的启动、停止、点动和复位等键来直接控制变频器的运转。

（1）MM440 变频器面板介绍

MM440 变频器的标准配置操作面板为状态显示面板（SDP）（标准件）。对于大多数用户来说，利用 SDP 和出厂默认设置值，即可使变频器投入运行。如果要访问变频器的各个参数，并能够对变频器参数进行设置，则必须利用可选件基本操作面板（BOP）或高级操作面板（AOP）来修改参数，使变频器与设备匹配。各显示操作面板如图 1-15 所示，文中主要介绍前两种操作面板。

(a) 状态显示面板(SDP)　　(b) 基本操作面板(BOP)　　(c) 高级操作面板(AOP)

图 1-15　显示操作面板

① 状态显示面板（SDP）

SDP 上有两个 LED 指示灯，用于指示变频器运行状态，各指示灯含义如表 1-1 所示。采用 SDP 时，变频器的预设定值必须与下列电动机数据兼容：

➢ 电动机额定功率；
➢ 电动机电压；
➢ 电动机额定电流；
➢ 电动机额定频率。

表 1-1　变频器运行状态指示

LED 指示灯状态		变频器运行状态
绿色指示灯	黄色指示灯	
OFF	OFF	电源未接通
ON	ON	运行准备就绪，等待投入运行
ON	OFF	变频器正在运行

此外，变频器还得满足以下条件。

➤ 按照 V/F 控制特性，由模拟电位器控制电动机速度给定。

➤ 频率为 50 Hz，最大速度为 3 000 r/min（60 Hz 为 3 600 r/min）可以通过变频器的模拟输入端电位器控制。

➤ 斜坡上升时间/下降时间为 10 s。

使用变频器装设的 SDP 可以进行如下操作（外部接线如图 1-16 所示）。

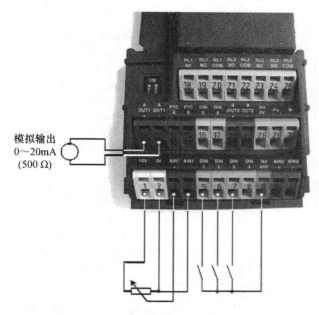

模拟输出
0～20mA
(500 Ω)

图 1-16　用 SDP 进行的基本操作

➤ 启动和停止电动机（数字输入 DIN1 由外接开关控制）。

➤ 电动机反向（数字输入 DIN2 由外接开关控制）。

➤ 故障复位（数字输入 DIN3 由外接开关控制）。

提示

电动机频率 50/60 Hz 的设置：设置电动机频率的 DIP 开关位于 I/O 面板的下面，变频器出厂时的设置情况如下。

➤ DIP 开关 2：（DIP 开关 1 不供用户使用）。

➤ Off 位置：用于欧洲地区默认值（50 Hz，kW 等）。

➤ On 位置：用于北美地区默认值（60 Hz，hp 等）。

② 基本操作面板（BOP）

一般常用基本操作面板（BOP）显示变频器参数序号和参数的设定与实际值，故障和报警信息，以及设置变频器的各个参数，设置值由五位数字和单位显示。为了用基本操作面板设置参数，用户首先必须将状态显示面板（SDP）从变频器上拆卸下来，然后将基本操作面板直接安装在变频器上，或者利用安装组合件安装在电气控制柜的门上。基本操作面板（BOP）的按键功能如表 1-2 所示。

表 1-2 基本操作面板（BOP）的按键功能

显示/按钮	功　能	功能说明
 P(1) r 0000 Hz	状态显示	LED 显示变频器当前的设定值
（启动按钮 I）	启动电动机	按此键启动变频器。默认值运行时，此键是被封锁的；为使此键的操作有效，应设定 P0670 = 1
（停止按钮 0）	停止电动机	OFF1：按此键，变频器将选定的斜坡下降速率减速停车。默认值时，此键是被封锁的；为了允许此键操作，应设定 P0700 = 1 OFF2：按此键两次，电动机将在惯性作用下，自由停车。此功能总是"使能的"
（换向按钮）	改变电动机转动方向	按此键可以改变电动机的转向。默认值时，此键是被封锁的；为了允许此键操作，应设定 P0700 = 1
（jog 按钮）	电动机点动	变频器无输出的情况下按此键，将使电动机启动，并按设定的点动频率运行。若释放此键，则变频器停车。若变频器/电动机正在运行，则按此键将不起作用
（Fn 按钮）	功能	此键用于浏览辅助信息。在变频器运行时，在显示任一个参数时按下此键并保持 2 秒钟不动，将显示以下参数：①直流回路电压；②输出电流；③输出频率；④输出电压 连续多次按下此按键，将轮流显示以上参数 出现故障或报警的情况，按此键可将操作面板上显示的故障或报警信息复位
（P 按钮）	访问参数	按此键可访问参数
（▲ 按钮）	增加数值	按此键可增加面板上显示的参数值
（▼ 按钮）	减少数值	按此键可减少面板上显示的参数值

　　下面介绍如何用基本操作面板（BOP）更改参数的数值。以更改参数 P0004 数值的步骤为例来说明，如图 1-17 所示。按照图中说明的类似方法，可以用 BOP 更改任何一个参数。

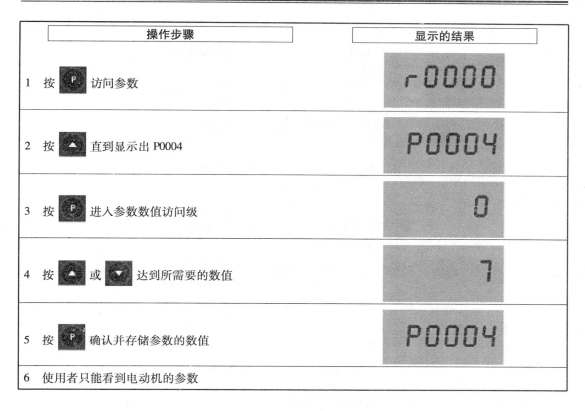

操作步骤	显示的结果
1 按 P 访问参数	r0000
2 按 ▲ 直到显示出 P0004	P0004
3 按 P 进入参数数值访问级	0
4 按 ▲ 或 ▼ 达到所需要的数值	7
5 按 P 确认并存储参数的数值	P0004
6 使用者只能看到电动机的参数	

图 1-17 BOP 修改参数步骤

提示

① 如果要用 BOP 进行控制,参数 P0700 应该设置为 1,参数 P1000 也设置为 1。

② 变频器加上电源时,也可以拆装 BOP。

③ 在拆卸 BOP 时,如果 BOP 已设为 I/O 控制 (P0700 = 1),则变频器驱动装置将自动停车。

(2) FR-A700 变频器面板介绍

图 1-18 为三菱 FR-A700 的操作面板,参数设定步骤如图 1-19 所示。

图 1-18 三菱 FR-A700 的操作面板

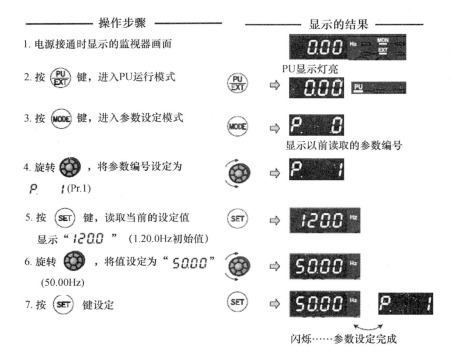

图 1-19　三菱 FR-A700 参数设定步骤

三菱 FR-A700 各按键的功能如表 1-3 所示。

表 1-3　各按键功能

按　　键	功　　能
PU/EXT	面板/外部操作切换
REV	反转指令
FWD	正转指令
MODE	用于选择操作模式及设定模式
SET	用于确定频率和参数的设定
STOP/RESET	停止/复位变频器
	用于变更频率和参数设定键

三菱 FR-A700 各发光二极管的含义如表 1-4 所示。

表 1-4　各发光二极管含义

发光二极管	含　　义	说　　明
Hz	显示频率时，灯亮	变频器显示内容可以是输出频率、电压、电流中的任意一个
V	显示电压时，灯亮	
A	显示电流时，灯亮	

续表

发光二极管	含　义	说　明
MON	监视模式时，灯亮	
EXT	外部运行模式时，灯亮	EXT、PU 灯同时亮时，表示变频器为组合运行模式
PU	面板（PU）运行模式时，灯亮	
REV	电动机反转时，灯亮	
FWD	电动机正转时，灯亮	
P. RUN	无功能	

2. 端子控制

端子控制是变频器的运转指令通过其外接输入端子从外部输入开关信号（或电平信号）来进行控制的方式。这些由按钮、选择开关、继电器、PLC 或 DCS 组成的继电器模块就替代了操作器键盘上的运行键、停止键、点动键和复位键，可以在远距离来控制变频器的运转。

在图 1-20 中，正转 FWD、反转 REV、点动 JOG、复位 RESET、使能 ENABLE 在实际变频器的端子中有以下三种具体表现形式。

（1）上述几个功能都是由专用的端子组成，即每个端子固定为一种功能。在实际接线中，非常简单，不会造成误解，这在早期的变频器中较为普遍。

（2）上述几个功能都是由通用的多功能端子组成，即每个端子都不固定，可以通过定义多功能端子的具体内容来实现。在实际接线中，这种方式非常灵活，可以大量节省端子空间。目前的小型变频器都有这个趋向，如艾默生 TD900 变频器。

（3）上述几个功能除正转和反转功能由专用固定端子实现外，其余如点动、复位、使能功能均通过融合在多功能端子中来实现。在实际接线中，能充分考虑到灵活性和简单性于一体。现在大部分主流变频器都采用这种方式。

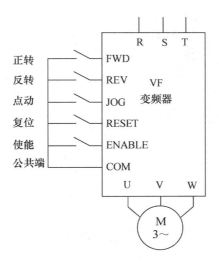

图 1-20　端子控制

　　总体上讲，外接输入控制端接收的都是开关量信号，所有端子大体上可以分为两大类。

（1）基本控制输入端

　　如运行、停止、正转、反转、点动、复位等这些端子的功能是变频器在出厂时已经标定的，不能再更改。

（2）可编程控制输入端

　　由于变频器可能接收的控制信号多达数十种，但每个拖动系统同时使用的输入控制端子并不多。为了节省接线端子和减小体积，变频器只提供一定数量的"可编程控制输入端"，也称为"多功能输入端子"，其具体功能虽然在出厂时也进行了设置，但并不固定，用户可以根据需要进行预置。西门子 MM440 系列变频器的多功能输入端子有 6 个（DIN1～DIN6），而可以预置的功能有 15 种；艾默生 TD3000 系列变频器的多功能输入端子有 8 个（X1～X8），而可以预置的功能有 33 种。常见的可编程功能有多挡转速控制、多挡加/减速时间控制、升速/降速控制等。

　　思考

　　如何通过端子控制电动机正、反转？

　　（1）二线制控制模式

　　由变频器拖动的电动机负荷来实现正转和反转功能非常简单，只需要改变控制回路（或激活正转和反转）即可，而无须改变主回路。常见的正、反转控制有两种方法，如图 1-21 所示。FWD 代表正转端子，REV 代表反转端子，K_1、K_2 代表正、反转控制的接点信号（"0"表示断开、"1"表示吸合）。在图 1-21（a）所示的方法中，接通 FWD 和 REV 的其中一个就能进行正、反转控制，即 FWD 接通后正转，REV 接通后反转；若两者都接通或都不接通，则表示停机。在图 1-21（b）所示的方法中，接通 FWD 才能进行正、反转控制，即 REV 不接通表示正转，REV 接通表示反转；若 FWD 不接通，则表示停机。

　　这两种方法在不同的变频器里有些只能选择其中的一种，有些可以通过功能设置来选择任意一种。但是如果变频器定义为"反转禁止"时，则反转端子无效。

K_2	K_1	动行指令
0	0	停止
1	0	反转
0	1	正转
1	1	停止

K_2	K_1	动行指令
0	0	停止
1	0	停止
0	1	正转
1	1	反转

　　　（a）控制方法一　　　　　　　　　　　（b）控制方法二

图 1-21　正、反转控制原理

提示

① 变频器通过外接信号控制电动机的旋转方向时，主要有以下两种方式。

➤ 由信号的正负来控制正、反转，当给定信号为"＋"时，控制正转；当给定信号为"－"时，控制反转，如图1-22（a）所示。

➤ 由给定信号中间的任意值作为正、反转的分界点，如图1-22（b）所示。

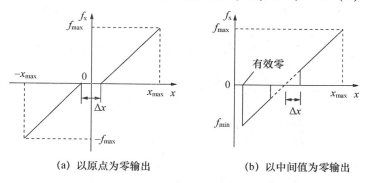

（a）以原点为零输出　　　　　　（b）以中间值为零输出

图1-22　模拟量给定正、反转控制

② 需要注意的问题

➤ 设置死区

当用模拟量给定信号进行正、反转控制时，"0"速控制很难稳定；当给定信号为"0"时，常常出现正转相序与反转相序的"反复切换的蠕动"现象。为了防止这种"反复切换的蠕动"现象，需要在"0"附近设定一个死区 Δx，使给定信号在此区间，输出频率为 0 Hz。

➤ 设置有效"0"

在给定信号为单极性的正、反转控制方式中，存在着一个特殊问题，即万一给定信号因电路接触不良或其他原因"丢失"，则变频器的给定输入端得到的信号为"0"，其输出频率即将跳变为反转最大频率，电动机将从正常状态转入高速反转状态，十分有害。为此，变频器设置了一个有效"0"功能。也就是说，让变频器的实际最小给定信号不等于 0（$x_{min} \neq 0$），而当给定信号 $x = 0$ 时，变频器将认为是故障状态。

例如，将有效"0"预置为 0.3 V 或更高，则：

当给定信号 $x = 0.3$ V 时，变频器输出频率为 f_{min}；

当给定信号 $x < 0.3$ V 时，变频器输出频率为 0 Hz。

（2）三线制控制模式

所谓三线制控制，就是模仿普通的接触器控制电路模式，如图1-23所示。当按下常开按钮 SB2 时，电动机正转启动，由于 T 多功能端子自定义为保持信号（或自锁信号）功能，故当松开 SB2 时，电动机的运行状态将能继续保持下去；当按下常闭按钮 SB1 时，T 与 COM 之间的联系被切断，自锁解除，电动机停止运行。如要选择反转控制，则只需将 K 吸合，即 REV 功能作用（反转）。

三线制控制模式的"三线"是指自锁控制时需要将控制线接入到三个输入端子，与此相对应的就是以上讲述的"二线制"控制模式。

三线制控制模式共有两种类型，如图 1-23（a）和图 1-23（b）所示。两者的唯一区别是控制方法二可以接收脉冲控制，即用脉冲的上升沿来替代 SB2（启动），下降沿来替代 SB1（停止）。在脉冲控制中，要求 SB1 和 SB2 的指令脉冲能够保持时间达 50 ms 以上，否则为不动作。

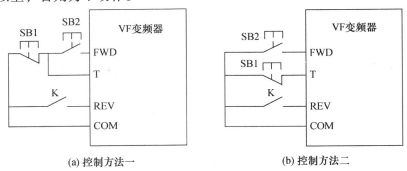

(a) 控制方法一　　　　　　　　　　(b) 控制方法二

图 1-23　三线制端子控制

（3）点动

端子控制的点动命令将比键盘更简单，它只要在变频器运行的情况下（无论正转还是反转），设置单独的两个端子来实现正向点动和反向点动。其点动运行频率、点动间隔时间以及点动加减速时间与键盘控制和通信控制方式下相同，均可在参数内设置。

3. 通信控制

由 PLC 或计算机通过变频器上的 RS-485 通信端口输入脉冲序列进行给定。

1.3　技能训练：变频器的安装、接线与操作

1.3.1　变频器的安装

变频器是电力电子器件设备，所以它对周围的环境要求也和其他晶体管设备一样。为了使变频器稳定工作，发挥其应有的性能，必须确保设置环境能充分满足 IEC 标准及国标对变频器所规定环境的容许值。

1. 安装环境

（1）变频器属电子设备，由它的防护形式决定，必须安装在室内，无水浸入，并且空气中湿度较低。

（2）无易燃易爆气体和腐蚀性气体和液体飞溅，粉尘和纤维物少。

（3）变频器发热量远大于其他常见开关电器，故必须要有良好的通风，让热空气顺利排出。

（4）变频器易受谐波干扰和干扰其他相邻电子设备，因此要考虑配置附加交流电抗器

等外围设备和安装抗干扰电感滤波器。

（5）安装位置要便于检查和维修操作。

（6）在长期运行的条件，对不同型号略有区别。一般来说，环境温度为－10℃～（＋40～50）℃；相对温度为20%～90%；海拔1000 m以下，在1000 m以上时越高越应降低负荷容量；振动≤0.6 g。

（7）如果必须在水泥、面粉、饲料、纺织等粉尘和纤维多的环境使用变频器，则一定要进行定期清洁，清洁方法是用刷子、吸尘器仔细打扫内部积尘以及疏通散热器通风路径的堵塞部位。

2. 变频器的通风散热

变频器的效率一般97%～98%，这就是说有2%～3%的电能转变为热能，远远大于一般开关、交流接触器等电器产生的热量。一般的配电箱是针对常用开关、交流接触器等电器而设计的。当这一类箱体内装进了变频器，就需仔细配置内部的安排，以确保通风散热的合理性。变频器冷却方式如表1-5所示。

表1-5　变频器的冷却方式

冷却方式		盘结构	评　价
自然冷却	自然换气（封闭、开放）	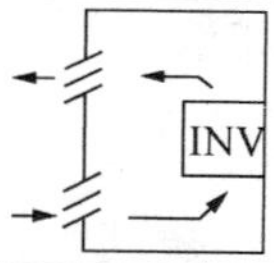	成本低、普遍采用。当变频器容量变大时，电气柜尺寸也变大。适用于小容量变频器
	自然换气（全封闭）	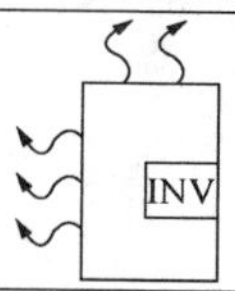	由于是全封闭的，因此最适合用在尘埃、油污等恶劣环境下使用
强迫冷却	散热片冷却	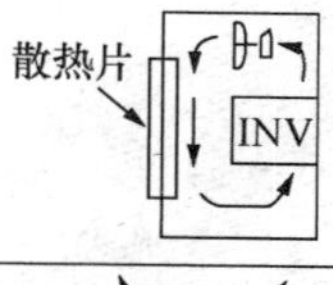	散热片的安装部位和面积均受限制，适用于小容量变频器
	强迫通风	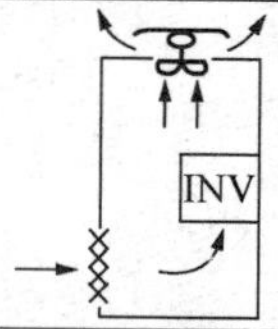	一般在室内使用，可以使电气柜小型化、低成本
	热管	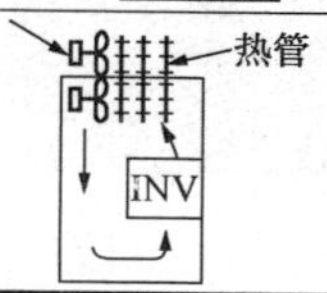	可以使电气柜小型化

3. 西门子MM440外形尺寸为A型的变频器的安装方法

（1）把变频器安装到35 mm标准导轨上

①用标准导轨的上闩销把变频器固定到导轨上，如图1-24（a）所示。

②向导轨上按压变频器，直到导轨的下闩销嵌入到位，如图1-24（b）所示。

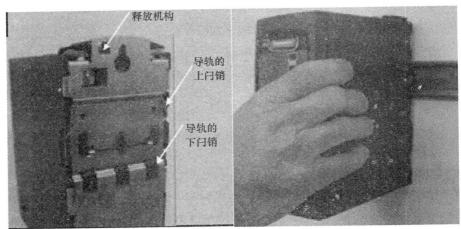

(a) 变频器固定到导轨上　　　　　　　　(b) 导轨按压变频器

图 1-24　变频器安装在导轨上

（2）从导轨上拆卸变频器

① 为了松开变频器的释放机构，将螺丝刀插入释放机构中，如图 1-25 所示。

② 向下施加压力，导轨的下闩销就会松开。

③ 将变频器从导轨上取下。

图 1-25　从导轨上拆卸变频器

4. 三菱 FR-A700 变频器的安装方法

（1）前端盖的拆卸方法

① 松开操作面板的两处螺钉（螺钉不能拆卸），如图 1-26 所示。

② 按住操作面板左右两侧的插销，把操作面板往前拉出后卸下，如图 1-27 所示。

图1-26　拆卸螺钉

图1-27　卸下操作面板

（2）拆装键盘面板

① 拆卸。首先，卸下安装前盖板1用的螺钉，如图1-28（a）所示；其次，卸下前盖板2的螺钉，如图1-28（b）所示；最后，按住前盖板2上右边的两个安装插销并以左面的固定插销为支点向身前拉，就可以将其卸下。

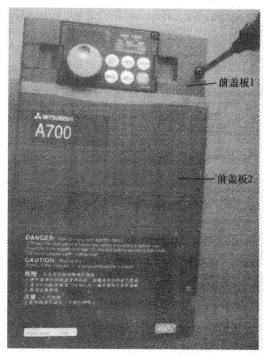

(a) 卸下螺钉

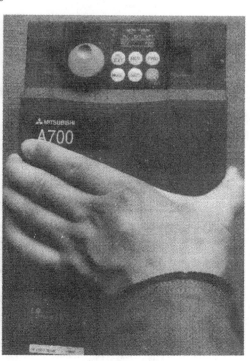

(b) 取下面板

图1-28　拆卸面板

② 安装。首先，将表面护盖左侧的两处固定爪插入机体接口，如图 1-29（a）所示；其次，以固定卡爪为支点将表面护盖推入机身（也可以带操作面板安装，但要注意接口完全接好），如图 1-29（b）所示；最后，拧紧安装前盖板 2 时用的螺钉，如图 1-29（c）所示。

(a) 插入接口　　　　　　　(b) 护盖压入机体　　　　　　(c) 拧紧安装螺钉

图 1-29　安装面板

③ 注意，在安装具有危险电压的设备时，要遵守相关的常规与地方性安装和安全导则，要遵守有关正确使用工具和人身防护装置的规定。禁止用高压绝缘测试设备测试与变频器连接的电缆的绝缘。即使变频器不处于运行状态，其电源输入线、直流回路端子和电动机端子上仍然可能带有危险电压。因此，断开开关以后还必须等待 5 min，保证变频器放电完毕，再开始安装工作。

1.3.2　变频器的主电路接线

1. 主电路接线端子

通用变频器电路由主电路和控制电路两大部分组成。主电路接线主要是与电源和电动机接线。打开变频器的前盖露出接线端子，对不同外形尺寸的变频器，端子排列不一样，如图 1-30 所示。

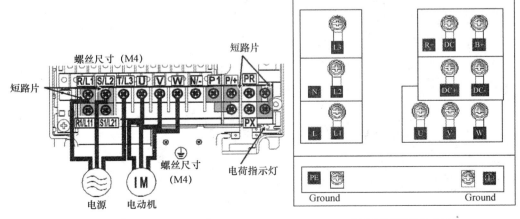

(a) 三菱 FR-A740-0.75~5.5k　　　　　　(b) MM440 外形尺寸 A 型

图 1-30　不同型号变频器主电路接线端子

变频器的主电路接线方式相同，如图 1-31 所示为西门子变频器和电动机连接示意图。三菱 FR-A700 变频器主电路接线与 MM440 变频器主电路接线方式基本相同，接线要求也相同，主电路接线图如图 1-32 所示。

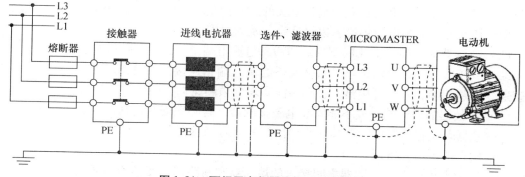

图 1-31　西门子变频器和电动机的连接

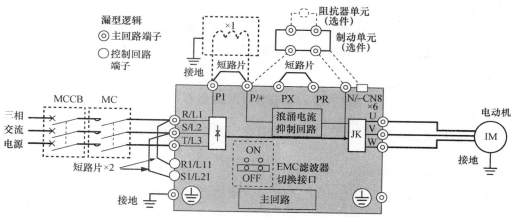

图 1-32　三菱 FR-A700 变频器主电路接线图

2. 主电路线径的选择

（1）电源与变频器之间的导线

一般来说，和同容量电动机的导线选择方法相同。考虑到其输入侧的功率因数往往较低，应本着宜大不宜小的原则来决定线径。

（2）变频器与电动机之间的导线

变频器的输出电压和输出频率一起变化，当输出频率很低时，输出电压也很低。因此低频运行时线路上的压降所占比例将增大，使电动机实际得到的电压减小，从而可能导致电动机转矩不足。故当两者距离较远时，应适当加粗变频器输出线。因此，在选择变频器与电动机之间的导线线径时，关键因素是电压降的影响，一般需满足式（1-18）：

$$\Delta U = \frac{\sqrt{3}I_{\mathrm{M}}R_0 L}{1\,000} \leqslant 2\% U_{\mathrm{M}} \tag{1-18}$$

在式（1-18）中，ΔU——允许的电压降，V；

I_{M}——电动机额定电流，A；

R_0——单位长度导线的电阻，Ω/m；

L——导线长度；

U_M——变频器的额定相电压。

3. 主电路与电源线及电动机连接时的注意事项

（1）变频器与供电电源之间应装设带有短路及过载保护的低压断路器、交流接触器，以免变频器发生故障时事故扩大。电控系统的急停控制应使变频器电源侧的交流接触器断开，彻底切断变频器的电源供给，以保证设备及人身安全。

（2）变频器输入端子 R/L1、S/L2、T/L3 与输出端子 U、V、W 不能接错。变频器的输入端子 R/L1、S/L2、T/L3 与三相整流桥的输入端相连接，而输出端子 U、V、W 与晶闸管逆变电路相接。若两者接错，轻则不能实现变频调速，重则烧毁变频器。

（3）变频器的输出端一般不能安装电磁接触器，若必须安装，则一定要注意满足以下条件：变频器若正在运行中，严禁切断输出侧的电磁接触器；若要切换接触器，则必须等到变频器停止输出后才可以。

（4）确保供电电源与变频器之间接入的熔断器和断路器与变频器的额定电流相匹配。

（5）变频器必须可靠接地，而且变频器接地线不可以和电焊机等大电流负荷共同接地，而必须分别接地。

（6）变频器的输出端子不能接浪涌吸收器、电力电容器和无线电噪声滤波器，否则将导致变频器故障或浪涌吸收器和电力电容器的损坏。

> **思考**
>
> 变频器与电动机之间要不要接输出接触器（热继电器）？

（1）一台变频器控制一台电动机，并且在不需要切换时不需要接输出接触器（热继电器）。

（2）必须接输出接触器（热继电器）的情况，如图 1-33 所示。

① 当一台变频器接多台电动机时，必须接输出接触器（热继电器），如图 1-33（a）所示。

② 当变频和工频之间需要切换时，必须接输出接触器（热继电器），如图 1-33（b）所示。

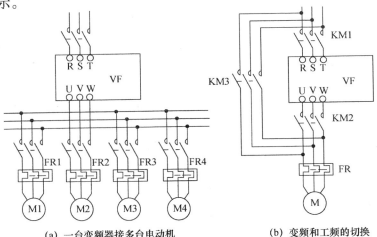

(a) 一台变频器接多台电动机　　　　(b) 变频和工频的切换

图 1-33　必须接输出接触器的场合

1.3.3　变频器的操作与运行

1. 西门子 MM440 变频器的操作与运行

（1）西门子 MM440 变频器面板的操作

利用变频器的操作面板和相关参数设置，即可实现对变频器的某些基本操作，如正转、反转、点动等。下面将通过变频器操作面板实现对电动机的启动、停止、正转、反转、点动的控制。

① 接线方式

电路接线方式如图 1-34 所示。

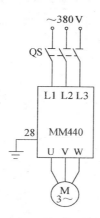

图 1-34　变频器面板的操作接线图

② 参数设置

➢ 恢复变频器出厂默认值

将变频器的参数恢复到出厂时的参数默认值。在变频器初次调试，或者变频器参数设置混乱时，需要执行该操作，以便将变频器的参数值恢复到一个确定的默认状态。

设定 P0010 = 30 和 P0970 = 1，按下 P 键，开始复位；复位过程大约 3 min，这样就可保证变频器的参数恢复到工厂默认值。

➢ 设置电动机参数。

电动机参数设置如表 1-6 所示。

电动机参数设置完成后，设 P0010 = 0，变频器当前处于准备状态，可以正常运行。

表 1-6　设置电动机参数

参　数　号	出　厂　值	设　置　值	说　　明
P0003	1	1	设置用户访问级为标准级
P0010	0	1	快速调试
P0100	0	0	工作地区，功率以 kW 表示，频率为 Hz
P0304	230	380	电动机额定电压（V）
P0305	3.25	0.95	电动机额定电流（A）
P0307	0.75	0.75	电动机额定功率（kW）

续表

参　数　号	出　厂　值	设　置　值	说　　　明
P0308	0	0.8	电动机额定功率因数
P0310	50	50	电动机额定频率（Hz）
P0311	0	1400	电动机额定转速（r/min）

➤ 设置面板操作控制参数

面板操作控制参数的设置如表 1-7 所示。

表 1-7　设置面板操作控制参数

参　数　号	出　厂　值	设　置　值	说　　　明
P0003	1	1	设用户访问级为标准级
P0010	0	0	正确地进行运行命令的初始化
P0004	0	0	显示全部参数
P0700	2	1	由键盘输入设定值（选择命令源）
P1000	2	1	由键盘（电动电位计）输入设定值
P1080	0	0	电动机运行的最低频率（Hz）
P1082	50	50	电动机运行的最高频率（Hz）
P0003	1	2	设用户访问级为扩展级
P1040	5	20	设定键盘控制的频率值（Hz）
P1058	5	10	正向点动频率（Hz）
P1059	5	10	反向点动频率（Hz）
P1060	10	5	点动斜坡上升时间（s）
P1061	10	5	点动斜坡下降时间（s）

③ 变频器运行操作

➤ 变频器启动

在变频器的前操作面板上按运行键，变频器将驱动电动机升速，并运行在由 P1040 所设定的 20Hz 频率对应的 560r/min 的转速上。

➤ 正、反转及加、减速运行

电动机的转速（运行频率）及旋转方向可直接通过按下前操作面板上的增加键／减少键（▲／▼）来改变。

➤ 点动运行

按下变频器前操作面板上的点动键，则变频器驱动电动机升速，并运行在由 P1058 所设置的正向点动 10Hz 频率值上。如果松开变频器前面板上的点动键，则变频器将驱动电动机降速至零。这时，如果按下变频器前操作面板上的换向键，再重复上述的点动运行操作，则电动机可在变频器的驱动下反向点动运行。

➤ 电动机停车

在变频器的前操作面板上按停止键，则变频器将驱动电动机降速至零。

（2）西门子 MM440 变频器外部端子控制正、反转及点动运行

MM440 变频器有 6 个数字输入端口（DIN1～DIN6），即端口 "5"、"6"、"7"、"8"、"16" 和 "17"。每一个数字输入端口功能很多，用户可根据需要进行设置。参数号 P0701～P0706 为数字输入 1 功能至数字输入 6 功能，每一个数字输入功能设置参数范围均为 0～99。表 1-8 列出几个参数值，并说明其含义。

表 1-8 MM440 数字输入端口功能设置表

参 数 值	功能说明
0	禁止数字输入
1	ON/OFF1（接通正转、停车命令）
2	ON/OFF1（接通反转、停车命令）
3	OFF2（停车命令2），按惯性自由停车
4	OFF3（停车命令3），按斜坡函数曲线快速降速
9	故障确认
10	正向点动
11	反向点动
12	反转
13	MOP（电动电位计）升速（增加频率）
14	MOP 降速（减少频率）
15	固定频率设置（直接选择）
16	固定频率设置（直接选择 + ON 命令）
17	固定频率设置（二进制编码选择 + ON 命令）
25	直流注入制动

外接端子控制正、反转及点动可不受接线长度的限制。MM440 有 6 个数字输入端 DIN1～DIN6，可选取其中 4 个输入端作为 SB1 正转、SB2 反转、SB3 正向点动、SB4 反向点动。

① 接线方式

电路接线方式如图 1-35 所示。

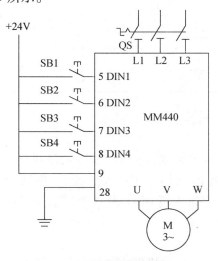

图 1-35 外部接线图

② 用基本操作板 BOP 设置参数

➤ 恢复变频器工厂的默认值

设置 P0010 = 30 和 P0970 = 1，按下 P 键，开始复位，复位过程大约为 3min，这样就保证了变频器参数恢复到工厂默认值。

➤ 设置电动机参数

如表 1-6 所示。电动机参数设置完成后，设 P0010 = 0，变频器当前处于准备状态，可以正常运行。

➤ 设置外接端子控制正、反转及点动运行参数，如表 1-9 所示。

表 1-9　外接端子控制正、反转及点动运行参数表

参　数　号	出　厂　值	设　置　值	说　　　明
P0003	1	2	设置用户访问级为标准级
P0004	0	0	参数过滤显示全部参数
P0700	2	2	命令源选择由端子排输入
P0701	1	1	端子 DIN1 功能，ON 接通正转/OFF 停止
P0702	1	2	端子 DIN2 功能，ON 接通反转/OFF 停止
P0703	9	10	端子 DIN3 功能，为正向点动
P0704	0	11	端子 DIN4 功能，为反向点动
P0725	1	1	端子 DIN 输入，为高电平有效
P1000	2	1	由键盘（电动电位计）输入设定值
P1040	5	25	设定键盘控制的频率值（Hz）
P1058	5	10	正向点动频率（Hz）
P1059	5	10	反向点动频率（Hz）
P1060	10	5	点动斜坡上升时间（s）
P1061	10	5	点动斜坡下降时间（s）
P1080	0	0	电动机运行最低频率（Hz）
P1082	50	50	电动机运行最高频率（Hz）
P1120	10	5	斜坡上升时间（s）
P1121	10	5	斜坡下降时间（s）

③ 外部端子控制正、反转及点动运行操作

➤ 电动机正向运行

电动机在停止情况下，按下带锁按钮 SB1，变频器数字输入端 DIN1 为 "ON"，电动机按 P1120 所设置的 5 s 斜坡上升时间正向启动，经 5 s 后稳定运行在 P1040 所设置的 25 Hz 频率上。当放开 SB1 时，数字输入端 DIN1 为 "OFF"，电动机按 P1121 设置的 5 s 斜坡下降时间停车。

➤ 电动机反向运行

如果要使电动机反转，则在电动机停止的情况下，按下带锁按钮 SB2，变频器数字输

入端 DIN2 为"ON"，电动机按 P1120 所设置的 5 s 斜坡上升时间反向启动，经 5 s 后稳定运行在 P1040 所设置的 25 Hz 频率上。当放开 SB2 时，数字输入端 DIN2 为"OFF"，电动机按 P1121 设置的 5 s 斜坡下降时间停车。

➤ 电动机正向点动运行

当按下正向点动带锁按钮 SB3 时，DIN3 为"ON"，电动机按 P1060 所设置的 5 s 点动斜坡上升时间做正向点动运行，经 5 s 后正向稳定运行在 P1058 所设置的 10 Hz 转速上。当放开 SB3 时，DIN3 为"OFF"，电动机按 P1061 所设置的 5 s 点动斜坡下降时间停车。

➤ 电动机反向点动运行

当按下反向点动带锁按钮 SB4，DIN4 为"ON"，电动机按 P1060 所设置的 5 s 点动斜坡上升时间做反向点动运行，经 5 s 后正向稳定运行在 P1058 所设置的 10 Hz 转速上。当放开 SB4 时，DIN3 为"OFF"，电动机按 P1061 所设置的 5 s 点动斜坡下降时间停车。

2. 三菱 FR-A700 变频器的操作与运行

在对变频器进行操作时，需要将变频器的主回路和控制回路按需要接好。变频器的操作方式主要有外部操作、PU 操作、组合操作和通信操作，具体示意图如图 1-36 所示。

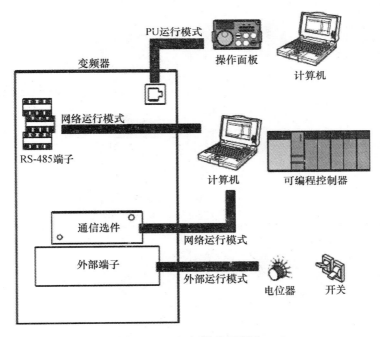

图 1-36　运行模式示意图

对于 A700 变频器来说，运行模式切换是通过参数 Pr. 79 来实现，不同参数值对应不同运行模式，如表 1-10 所示。

（1）外部运行模式（Pr. 79 设定值"0"，"2"）

图 1-37 是一种常见的外部接线方式。先将控制回路端子外接的正转（STF）或反转（STR）开关接通，然后调节频率电位器，同时观察频率计，就可以调节变频器输出电源的频率，驱动电动机以合适的转速运行。

表 1-10　Pr. 79 参数值及对应的操作模式

参数编号	名　　称	初始值	设定范围	内　　容	LED 显示 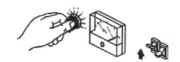 亮灯　灭灯
79	操作模式选择	0	0	外部/PU 切换模式中，用 键可以切换 PU 与外部运行模式（参照第 28 页）电源投入的为外部运行模式	外部运行模式 PU　EXT　NXT PU 运行模式 PU　EXT　NXT
			1	PU 运行模式固定	PU　EXT　NXT
			2	外部运行模式固定 可以切换外部和网络运行模式	外部运行模式 PU　EXT　NXT 网络运行模式 PU　EXT　NXT
			3	外部/PU 组合运行模式 1	PU　EXT　NXT
			4	外部/PU 组合运行模式 2	

外部/PU 组合运行模式 1（设定范围 3）

运行频率	启动信号
用 PU （FR-DU07/FR-PU04-CH）设定或外部信号输入（多段速度设定，端子 4-5 间（AU 信号 ON 时有效））	外部信号输入为（端子 STF、STR）

外部/PU 组合运行模式 2（设定范围 4）

运行频率	启动信号
外部信号输入（端子 2，4，1，JOG，多段速选择等）	用 PU （FR-DU07/FR-PU04-CH）输入

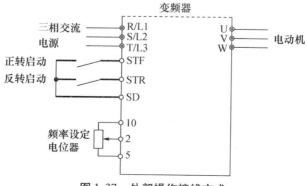

图 1-37　外部操作接线方式

①在外部设置频率设定电位器及启动开关，当连接变频器的控制电路进行操作时，选择外部运行模式。

②基本上在外部运行模式下，无法变更参数。如果选择 Pr. 79 = "0"，"2"，接通电源时，切换到外部运行模式。

③没有必要变更参数时，通过设定设定值为"2"，固定为外部运行模式。如果必须频繁变更参数时，则设定值事先置于"0"（初始值），能够通过操作面板的 STOP/RESET 方便切换到 PU 运行模式，必须返回外部运行模式。

④启动指令的 STF，STR 信号，频率指令作为端子 2，4 及多段速设定，点动信号等使用。

（2）PU 运行模式（Pr. 79 设定值为"1"），如图 1-38 所示。

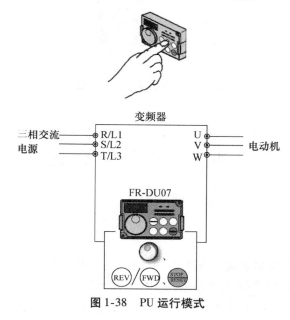

图 1-38　PU 运行模式

①仅通过操作面板（FR-DU07）和参数单元（FR-PU04-CH）的键操作运行时，选择 PU 运行模式。另外，使用 PU 接口进行通信时也选择 PU 运行模式。

②如果选择 Pr. 79 = "1"，则当接通电源时，切换到 PU 运行模式，无法变更到其他的运行模式。也可以通过操作面板的 M 旋钮如电位器一样进行设定。（Pr. 161 频率设定/键盘锁定操作选择）

（3）组合操作运行

组合操作运行模式是使用外部信号和 PU 接口输入信号来控制变频器运行，如图 1-39 所示。组合操作运行模式一般使用开关或继电器输入启动信号，而使用 PU 设定运行频率。在该操作模式下，除了外部输入的频率设定信号无效外，PU 输入的正转、反转和停止信号也均无效。

①在操作面板（FR-DU07）和参数单元（FR-PU04-CH）设定频率，当通过外部的启动开关输入启动指令时，选择 PU/外部组合运行模式。

②选择 Pr. 79 = "3"。此时，不能变更到其他运行模式。

③通过多段速度设定输入外部信号的频率时，PU 的频率指令最优先。

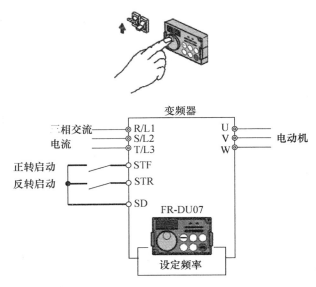

图 1-39　组合操作运行模式

1.4　项目设计方案

1.4.1　硬件设计

对物料分拣输送带控制来说，选择变频器型号为 MM440。为了控制方便，线路设计综合了 PLC 控制技术。该输送带变频器采用 10A 断路器直接上电，不采用接触器；变频器的启动和停止采用按钮（SB1 停止、SB2 正转、SB3 反转）来控制；电动机速度调整采用多线圈电位器，建议采用 4.7kΩ 多圈电位器。变频控制的元件清单如表 1-11 所示，基本线路设计如图 1-40 所示。

表 1-11　变频控制的元件清单

名　　称	符　　号	规格型号
断路器	QF	DZ47-60/3P/C16
变频器	VF	MM440
按钮	SB1/SB2/SB3	JZX-22F
光电传感器	SC	ZD-L09N
电位器	RP	多圈 4.7kΩ
可编程控制器	PLC	S7-200-222 AC/DC/RLY

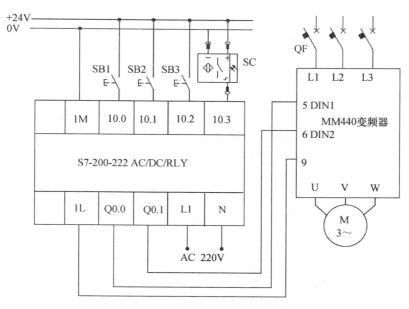

图 1-40　变频器与 PLC 接线图

1.4.2　系统参数设置与调试

1. 变频器参数设置

（1）恢复变频器工厂默认值

设定 P0010 = 30 和 P0970 = 1，按下 P 键，开始复位。

（2）设置电动机参数

电动机参数设置如表 1-6 所示。电动机参数设置完成后，设 P0010 = 1，变频器当前处于准备状态，可正常运行。

（3）设置变频器相关控制参数

变频器相关控制参数设置，如表 1-12 所示。

表 1-12　变频器相关控制参数

参　数　号	出　厂　值	设　置　值	说　　明
P0003	1	2	设置用户访问级为标准级
P0004	0	0	参数过滤显示全部参数
P0700	2	2	命令源选择由端子排输入
P0701	1	1	端子 DIN1 功能，ON 接通正转/OFF 停止
P0702	1	2	端子 DIN2 功能，ON 接通反转/OFF 停止
P1000	2	1	由键盘（电动电位计）输入设定值
P1080	0	5	电动机运行最低频率（Hz）
P1082	50	50	电动机运行最高频率（Hz）
P1120	10	5	斜坡上升时间（s）
P1121	10	5	斜坡下降时间（s）

2. PLC 梯形图设计

物料分拣输送带控制的 PLC 梯形图设计如图 1-41 所示。

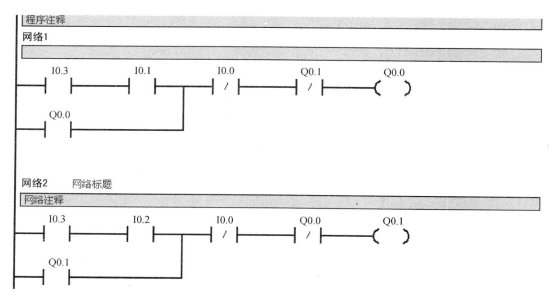

图 1-41　物料分拣输送带控制梯形图

3. 检查与调试

当按下按钮 I0.1，且光电传感器检测到物体 I0.3 为"ON"时，Q0.0 为"ON"，电动机正转启动，同时可以旋转电位器，调整电动机的转速。

当按下停止按钮 I0.0 时，电动机逐渐减速为零。当按下按钮 I0.2，且光电传感器检测到物体 I0.3 为"ON"时，Q0.1 为"ON"，电动机反转启动，同时可以旋转电位器，调整电动机的转速。

思考与练习

一、选择题

1. 对电动机从基本频率向上的变频调速属于（　　）调速。

　　A. 恒功率　　　　　　B. 恒转矩　　　　　　C. 恒磁通　　　　　　D. 恒转差率

2. 三菱系列变频器的操作模式选择由功能码（　　）决定。

　　A. Pr. 78　　　　　　B. Pr. 79　　　　　　C. Pr. 80　　　　　　D. Pr. 81

3. 为了使电动机的旋转速度减半，变频器的输出频率必须从 60Hz 改变到 30Hz，这时变频器的输出电压就必须从 400V 改变到约（　　）V。

　　A. 400　　　　　　　B. 100　　　　　　　C. 200　　　　　　　D. 220

4. 对于西门子 MM440 变频器，若要设置键盘操作失效，需将功能代码设置为（　　）。

　　A. P0700 = 0　　　　B. P0700 = 1　　　　C. P0700 = 2　　　　D. P0700 = 3

5. 多台变频器共用一个电源时，每台变频器均有自己的电源控制回路，至少有独立的（　　　）。
   A. 低压断路器或接触器　　　B. 接触器　　　C. 熔断器刀开关　　　D. 熔断器
6. 对于变频器采用强迫换气时，应采用使换气从电控柜的（　　　）供给空气。
   A. 下部　　　　　　　B. 上部　　　　　　　C. 中部　　　　　　　D. 距下面2/3处

二、填空题

1. 变频器的主电路包括（　　　）、（　　　）、（　　　）。
2. 变频器可以在本机控制，也可在远程控制。本机控制是由（　　　）来设定运行参数，远控时，通过（　　　）来对变频调速系统进行外控操作。
3. 频率控制功能是变频器的基本控制功能，常见的频率给定方式有（　　　）、（　　　）、（　　　）、（　　　）。
4. 变频器运行控制端子中，FWD 代表（　　　），REV 代表（　　　），JOG 代表（　　　）。
5. 变频器的输出侧不能接（　　　）或（　　　），以免造成开关管过流损坏或变频器不能正常工作。
6. 直流电抗器的主要作用是改善变频器的输入（　　　），防止电源对变频器的影响，保护变频器及抑制（　　　）。

三、分析设计题

1. 通用变频器正常工作中为什么不能直接断开负荷？
2. 变频的同时为何要变压，请从异步电动机能量关系说明？
3. 某仪器的输出电压信号是 $1\sim5\,V$，但所购变频器的电压给定信号只能选 $0\sim10\,V$，请问如何处理？
4. 某用户要求：当模拟量电流给定信号为 $4\sim20\,mA$ 时，变频器输出频率是 $50\sim0\,Hz$，求频率偏置和频率增益，并画出频率给定线。
5. 三菱 A700 变频器能否进行二线制与三线制启停？如果可以的话，请分别画出各自的线路图，并进行参数设置。
6. 试叙述变频器主电路各部分的工作过程。

项目二　车床主轴的变频调速

作为电力拖动的重要手段，交流变频调速正越来越多地应用于机械工业生产中，在机床中占有非常重要的位置。其中，主轴运动是车床的一个重要内容，在机械加工过程中，由于产品工艺的要求，经常对主轴或刀具的旋转提出不同的运行速度要求，这对于提高加工效率、扩大加工材料范围、提高加工质量、减低损耗、减少噪声有着重要的意义。变频器在这些方面有着得天独厚的优势，特别是配合 PLC 控制的变频器，还可以进行较为复杂的程序控制，满足机械加工中的各种要求，实现自动加工。因此，用变频器和 PLC 对主轴进行有效的控制是当前车床技术改造过程中的一个重要环节。

本项目的学习目标如下。

 知识目标

（1）熟悉多段速度控制时变频器端子的组合方法；

（2）了解变频器加速、减速和启动、制动的过程及相应的参数设置；

（3）了解 PLC 控制顺序流程图及编程思想。

 技能目标

（1）能对 PLC 的 I/O 端口进行合理的分配，并正确地与变频器进行电气接线；

（2）能对投入运行时的变频器，进行相应的参数设置并调试。

 职业素养目标

树立系统与部件的概念，掌握在装备制造业成为工业化象征的背景下变频器应该进一步适应机电一体化技术是工程应用方向的理念。

2.1　项目背景及控制要求

2.1.1　项目背景

自动车床可以加工各种精密部件，特别适用于批量生产，采用变频器控制主轴的运动，既能满足生产工艺的要求，又能提高产品质量，同时达到节能的目的，故目前在高精度的自动车床上应用较多。近几年来，随着 PLC 技术不断发展应用，采用 PLC 控制的变频器主要进行较为复杂的程序控制，满足机械加工中的各种要求，实现自动加工。

2.1.2　控制要求

现在要求车床主轴电动机用变频控制，电动机容量 2.2kW，额定电流 9A，请设计合理的控制方案，具体要求如下。

（1）该系统可以实现手动运行和自动运行。手动是通过按钮将工作台调整到合适的位置，以便对刀和为进入自动循环方式做好准备；自动循环工作方式用于工件的加工。

（2）根据工艺要求，设置主轴电动机 7 段速度控制，加减速时间尽量短。

（3）变频器故障或报警后，自动切除电源。

（4）设置变频器控制功能参数，设计 PLC 控制顺序流程图，并编制梯形图。

2.2　知识链接：变频器的输入和输出端子

2.2.1　变频器的输入端子

变频器外接输入控制端如图 2-1 所示，接收的都是开关量信号，所有端子大体上可以分为以下两大类。

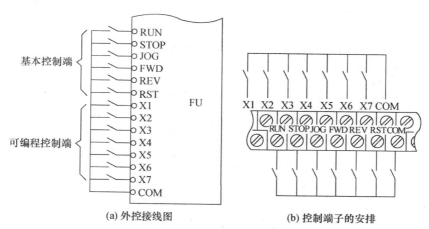

图 2-1　外接输入控制端子

（1）基本控制输入端

例如，运行、停止、正转、反转、点动、复位等都是基本控制输入端。这些端子的功能是变频器在出厂时已经标定的，不能再更改。

（2）可编程控制输入端

变频器可能接受的控制信号多达数十种，但每个拖动系统同时使用的输入控制端子并不多。为了节省接线端子和减小体积，变频器只提供一定数量的"可编程控制输入端"，也称为"多功能输入端子"；其具体功能虽然在出厂时也进行了设置，但并不固定，用户可以根据需要进行预置。常见的可编程功能如多挡转速控制、多挡加速/减速时间控制、升速/降速控制等。

注意

西门子 MM440 系列变频器没有基本输入端子，全部为复用端子。

因为实际上同时使用的控制功能往往是不多的，所以为了节省变频器的体积，变频器可供连接的控制端子较少，通常不到 15 个。其中，大部分控制端子的具体功能必须通过功能预置来决定。变频器外接输入控制端接收的都是开关量信号，所有端子大体上可以分为两大类。

➤ 基本控制输入端：常规操作。

➤ 可编程控制端：需要进行功能预制。

1. 常用输入控制端——升速、降速功能

（1）功能含义

在变频器的外接开关量输入端子中，通过功能预置，可以使其中两个输入端具有升速和降速功能，称为"升速、降速（UP DOWN）控制端"，如图 2-2 所示。假设：将 X1 预置为升速端，X2 预置为降速端，则：

① 当 SB 闭合时，X1 得到信号，变频器的输出频率上升；当 SB 断开时，输出频率保持（如需要，也可以不保持）。

② 当 SB 闭合时，X2 得到信号，变频器的输出频率下降；当 SB 断开时，输出频率保持（如需要，也可以不保持）。升速控制端和降速控制端必须同时预置，如果只预置其中一个，则无效。

利用外接升速、降速控制信号对变频器进行频率给定时，属于数字量给定，控制精度较高。

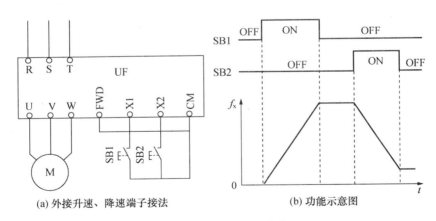

(a) 外接升速、降速端子接法   (b) 功能示意图

图 2-2   外接升速、降速端子

（2）应用举例

① 代替外接电位器给定

在变频器的外接给定方式中，人们习惯于使用电位器来进行频率给定，如图 2-3（a）所示。但电位器给定有许多缺点，诸如：

➤ 电位器给定是电压给定方式之一，属于模拟量给定，给定精度较差；

➢电位器的滑动触点容易因磨损而接触不良，导致给定信号不稳定，甚至发生频率跳动等现象；

➢当操作位置与变频器之间的距离较远时，线路上的电压降将影响频率的给定精度。同时，也较容易受到其他设备的干扰。

利用升速、降速端子来进行频率给定时，只需接入两个按钮开关即可，如图2-3（b）所示。其优点是十分明显的：

➢升、降速端子给定属于数字量给定，精度较高；用按钮开关来调节频率，不但操作简便，且不易损坏；

➢因为是开关量控制，故不受线路电压降等的影响，抗干扰性能极好。

因此，在变频器进行外接给定时，应尽量少用电位器，而应利用升速、降速端子进行频率给定为好。

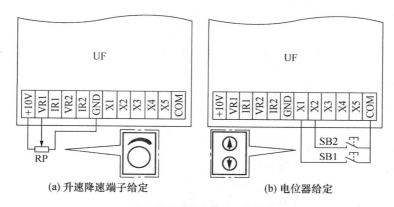

(a) 升速降速端子给定　　　　　　　(b) 电位器给定

图2-3　用升速降速端子给定代替电位器给定

其中，西门子MM440变频器升速降速端子：P0701～P0706应预制13（升速），14（降速）。

② 两处升速、降速控制举例

在实际生产中，常常需要在两个或多个地点都能对同一台电动机进行升速、降速控制。在大多数情况下，这是通过外接控制来实现的。例如，某厂的锅炉风机在实现变频调速时，要求在炉前和楼上控制室都能调速等。

➢ 电路构成

如图2-4所示，SB1和SB2是一组升速和降速按钮，安装在控制盒CA内，由"频率表"FA显示其运行频率；SB3和SB4是另一组升速和降速按钮，安装在另一个控制盒CB内，由"频率表"FB显示其运行频率。控制盒CA和CB分别放置在两个不同的地方。

➢ 工作方式

按下控制盒CA上的SB1或控制盒CB上的SB3，都能使频率上升，松开后频率保持；反之，按下控制盒CA上的SB2或控制盒CB上的SB4，都能使频率下降，松开后频率保持。通过这种方式，实现了在不同的地点进行升速或降速控制。

依此类推，还可以实现多处控制。多处控制的基本原则是：所有控制频率上升的按钮开关都并联，所有控制频率下降的按钮开关也都并联。

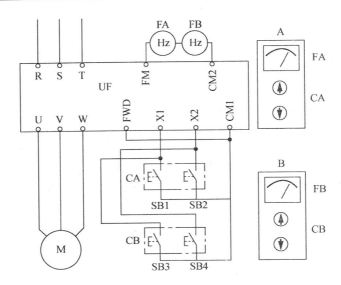

图2-4　两地升速降速控制

2. 多挡转速控制

（1）输入控制端的"多挡速"功能

① 功能含义

变频器可以设定若干挡工作频率，其频率挡次的切换是由外接的开关器件改变输入端子的状态和组合来实现的。例如，当端子 X1、X2、X3 被预置为多挡转速的信号输入端时，通过继电器 KA1、KA2、KA3 的不同组合，可输入 7 挡转速的信号，如图 2-5（a）所示。转速挡次与各输入端子状态之间的关系如图 2-5（b）所示。

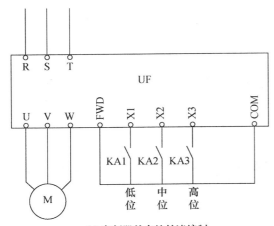

各输入端子状态			转速挡次
X3	X2	X1	
OFF	OFF	ON	1
OFF	ON	OFF	2
OFF	ON	ON	3
ON	OFF	OFF	4
ON	OFF	ON	5
ON	ON	OFF	6
ON	ON	ON	7

（a）变频器的多挡转速控制　　　　　　（b）转速挡次与各输入状态之间的关系

图 2-5　变频器的多挡转速控制端

② 变频器的功能预置

以 MM440 系列变频器为例，如表 2-1 所示。由表 2-1 知，功能预置分两个步骤。

第一步：在输入控制端子中选择若干个端子（表中为 3 个）作为多挡转速输入控制端。

第二步：预置各挡转速的运行频率。

表 2-1 多挡转速功能预制

预制目的	功能码	功能含义	数据码	数据码含义
选择端功能	P0701	选择 X1 端子功能	17	选择固定频率
	P0702	选择 X2 端子功能	17	选择固定频率
	P0703	选择 X3 端子功能	17	选择固定频率
选择各挡转速的工作频率	P1001	第一挡运行频率	在 $f_L \sim f_H$ 之间预制	在下限频率和上限频率之间预制
	P1002	第二挡运行频率		
	P1003	第三挡运行频率		
	P1004	第四挡运行频率		
	P1005	第五挡运行频率		
	P1006	第六挡运行频率		
	P1007	第七挡运行频率		

（2）多挡转速的控制特点

变频器在实现多挡转速控制时，需要解决如下的问题。

一方面，变频器每个输出频率的挡次需要由三个输入端的状态来决定；另一方面，操作人员切换转速所用的开关器件通常为按钮开关或触摸开关，每个挡次只有一个触点。因此，必须解决好转速选择开关的状态和变频器各控制端状态之间的变换问题，如图 2-6 所示。针对这种情况，通过 PLC 来进行控制是比较方便的。

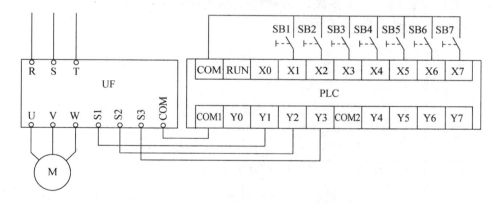

图 2-6 多挡转速的 PLC 控制电路

2.2.2 变频器的输出端子

变频器除了用输入控制端接收各种输入控制信号外，还可以用输出控制端输出与自己的工作状态相关的信号。输出控制端子有跳闸报警输出端（开关量）、测量信号输出端（模拟量或脉冲）以及可编程输出端等几种类型，如图 2-7 所示。

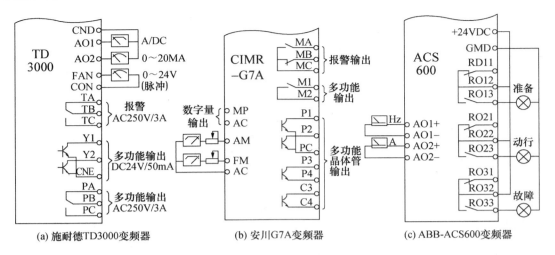

图 2-7　输出信号端子

1. 跳闸报警输出端

（1）功能与特点

当变频器因发生故障而跳闸时，发出跳闸报警信号，主要特点如下。

① 功能单一

报警输出的控制端子是专用的，不能再作其他用途。因此，跳闸报警输出端子不需要进行功能预置。

② 继电器输出

所有变频器的报警输出都是继电器输出，可直接接至交流 250V 电路中，触点容量大多为 1A，也有大至 3A 的。大多数变频器的报警输出端都配置一对触点（一个常开、一个常闭），如图 2-8 中的 A-C、B-C 所示。

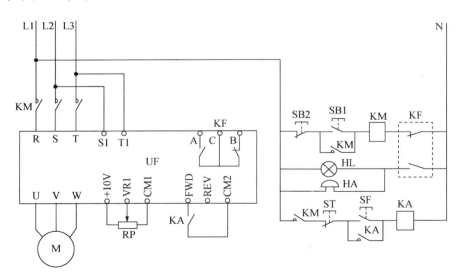

图 2-8　跳闸报警输出端的应用举例

（2）应用示例

【例2-1】　　如图2-8所示，动断（常闭）触点C-B串联在接触器KM的线圈电路内；动合（常开）触点C-A则串联在声光报警电路内。

变频器的通电由接触器KM控制，当变频器跳闸时：一方面，动断（常闭）触点C-B断开，KM线圈失电，其触点断开，使变频器切断电源；另一方面，动合（常开）触点C-A闭合，电笛HA和指示灯HL同时得电，进行声光报警。在配置声光报警的情况下，须注意将变频器控制电源的接线端（R1和S1）接至接触器KM主触点的前面。

2. 测量信号输出端

变频器的运行参数（频率、电流等）可以通过外接仪表来进行测量，为此，专门配置了为外接仪表提供测量信号的外接输出端子，如图2-9所示。需要预置的相关功能主要有以下几个方面。

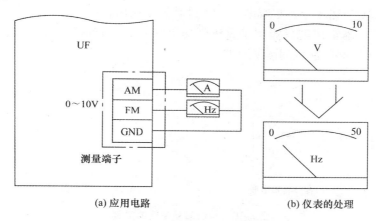

(a) 应用电路　　　　　　　　(b) 仪表的处理

图2-9　模拟量输出端子的应用

（1）测量内容的选择功能

变频器的外接测量输出端子通常有两个，分别用于测量频率和电流。但除此以外，还可以通过功能预置测量其他运行数据，如电压、转矩、负荷率、功率以及PID控制时的目标值和反馈值等。

（2）输出信号的类别

① 电压信号

输出信号范围有0～1 V、0～5 V、0～10 V等几种。多数变频器直接由模拟量给出信号电压的大小，但也有的变频器输出的是占空比与信号电压成正比的脉冲序列。

② 电流信号

电流信号的量程主要是0～20 mA、4～20 mA两种，但也有量程为0～1 mA的。

③ 脉冲信号

输出信号为与被测量成比例的脉冲信号，脉冲高度（电压）通常为8～24 V，这种输出方式主要用于测量变频器的输出频率。

（3）量程的校准功能

因为外接仪表实际上是电压表或毫安表，而被测量的是频率、电流或其他物理量，因此，有必要对量程进行校准。校准的方法主要有两种：通过功能预置来校准和通过外接电位器来校准。

3. 可编程输出端

可编程输出端也叫状态输出端。用于输出表明变频器各种工作状态的信号，都是开关量输出。各输出端子的具体功能须通过功能预置来决定，主要有变频器运行中、频率到达、输出频率到达上限、输出频率到达下限、程序运行换步信号、程序运行一次循环结束信号、程序运行步数指示等。

（1）电路结构

电路结构主要有以下两种类型。

① 晶体管输出型

变频器内部是晶体管集电极输出，如图2-10（a）所示。这种输出方式只能用在直流低压电路中。由于晶体管只能单方向导通，因此使用时必须注意外接电源的极性。

② 继电器输出型

变频器内部具有若干个输出继电器，通过其触点输出相关信号，如图2-9（b）所示。多数情况下，继电器输出型只能用于直流低压电路中。也有的继电器触点可以用在交流220V的电路中，但必须注意阅读说明书。

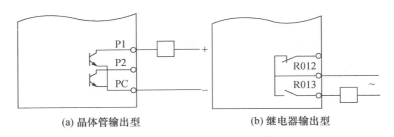

(a) 晶体管输出型   (b) 继电器输出型

图2-10   输出信号电路的类型

（2）应用实例

【例2-2】   有一台搅拌机，需要和传输带进行联动控制。搅拌机由电动机M1拖动，转速由变频器UF1控制；传输带由电动机M2拖动，转速由变频器UF2控制，如图2-11所示。

控制要求如下：为了防止物料在传输带上堆积，传输带应首先启动，并且其运行频率到达30 Hz以上时，搅拌机才开始启动和运行；当变频器UF2的输出频率低于25 Hz时，搅拌机应停止工作。

现以富士G11S变频器为例，选择输出端子Y2作为频率检测信号端，则变频器UF2须预置如下功能：

① 功能码E21（Y2输出端子的功能）预置为"2"，则Y2为"频率检测"信号输出端；

② 功能码E31（频率检测值）预置为"30"，则当输出频率高于30 Hz时，Y2晶体管导通；

③ 功能码E32（频率检测滞后值）预置为"5"，则当输出频率降至30 Hz时，Y2端并不恢复，等再滞后5 Hz（即25 Hz）时，Y2晶体管才截止。

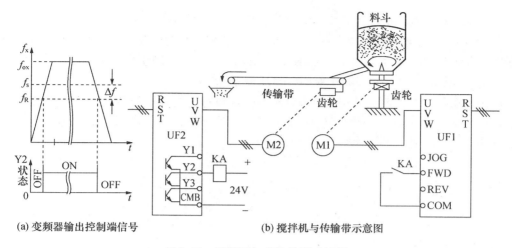

(a) 变频器输出控制端信号   (b) 搅拌机与传输带示意图

图 2-11 搅拌机与传输带联动控制

2.2.3 变频器的频率参数

变频器中，有许多关于频率的称谓，对这些称谓的含义必须正确理解，方能准确而灵活地对它们进行设定。

1. 基本频率的定义

基本频率的大小是和变频器的输出电压相对应的。有两种定义方法：

（1）和变频器的最大输出电压对应的频率，如图 2-12 所示；

（2）当变频器的输出电压等于额定电压时的最小输出频率，如图 2-13 所示。

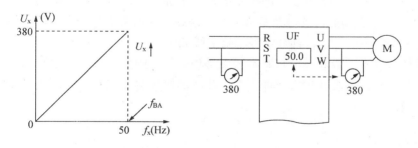

图 2-12 定义 1

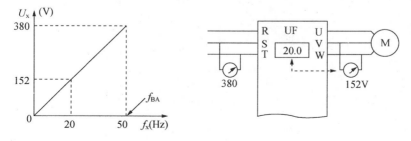

图 2-13 定义 2

现以 220 V 的电动机配用 380 V 变频器为例来说明基本频率。

【例 2-3】　当电动机的额定电压为 220 V，而所配变频器的额定电压为 380 V 时，可以通过提高基本频率的方法来解决。如图 2-14 所示，当把基本频率预置为 87 Hz 时，则与 87 Hz 对应的电压是 380 V，而 50 Hz 对应的电压便是 220 V 了。

应用此法时，可以将工作频率加至 87 Hz，从而增大电动机的输出功率。但应注意的是，由于变频器输出电压的脉冲高度仍高达 513 V 上下，因此，所用电动机的槽绝缘性能必须和 380 V 电动机一样好才行。

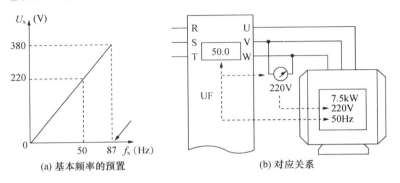

图 2-14　220V 电动机配用 380V 变频器

2. 最高频率

最高频率是变频器允许输出的最大频率，用 f_{max} 表示，其具体含义因频率给定方式的不同而略有差别。

（1）由键盘进行频率给定时，最高频率意味着能够调到的最大的频率。也就是说，到了最高频率后，即使再按▲键，频率也不能再往上加了，如图 2-15（a）所示。

（2）当通过外接模拟量进行频率给定时，最高频率通常指与最大的给定信号相对应的频率，如图 2-15（b）所示，其基本频率给定线如图 2-15（c）所示。

在大多数情况下，最高频率与基本频率是相等的。例如，风机和水泵，当运行频率超过基本频率时，负荷的阻转矩将增加很大，使电动机过载。因此，必须把最高频率限制在基本频率以内。

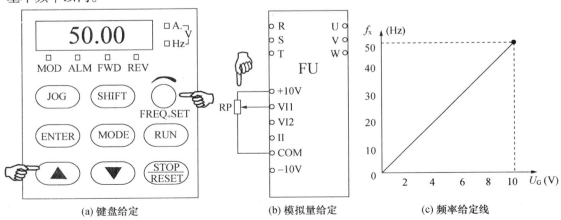

图 2-15　最高频率定义

3. 上、下限频率

上、下限频率也称变频器输出的最高频率、最低频率，常用 f_H 和 f_L 表示。根据电动机所带负荷不同，故需要对电动机最高转速、最低转速给予限制，以保证拖动系统的安全和产品的质量。

【例2-4】　以某搅拌机的生产工艺要求：最高搅拌速度 $n_{LH} \leqslant 600 \ r/min$；最低搅拌速度 $n_{LL} \geqslant 150 \ r/min$。如图 2-16 所示。

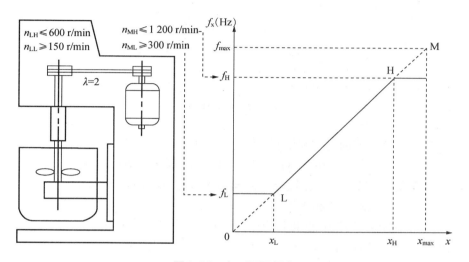

图 2-16　上、下限频率

如果传动机构的传动比 $\lambda = 2$，则电动机的最高转速和最低转速分别是：$n_{MH} \leqslant 1\,200 \ r/min$，对应的工作频率便是上限频率 f_H；$n_{ML} \geqslant 300 \ r/min$，对应的工作频率便是下限频率 f_L。

上限频率不能超过最高频率，即 $f_H \leqslant f_{max}$。如果用户希望增大上限频率，则应将最高频率预置得更高一些。当上限频率与最高频率不相等（$f_H \neq f_{max}$）时，上限频率优先于最高频率，此时变频器的最大输出频率为上限频率。这是因为，变频调速系统是为生产工艺服务的，因此生产工艺的要求具有最高优先权。在部分变频器中，上限频率与最高频率并未分开，两者是合二为一的。

4. 回避频率

回避频率是指不允许变频器连续输出的频率，用 f_J 表示。由于生产机械运转时的振动和转速有关，当电动机速度达到某一值时，机械振动频率和它固有频率相等就会发生谐振，此时对机械设备损害很大。为避免谐振的发生，应让拖动系统跳过谐振对应的转速。设置回避频率 f_J 的目的，就是使拖动系统"回避"掉可能引起谐振的转速，如图 2-17 所示。

不同的变频器预置回避频率的方法略有差异，大致有以下两种：

（1）预置需要回避的中心频率 f_J 和回避宽度 Δf_J；

（2）预置回避频率的上限 f_{JH} 与下限 f_{JL}。

大多数变频器都可以预置三个回避频率，如图 2-17（b）所示。

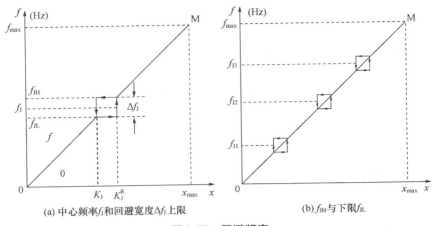

(a) 中心频率f_J和回避宽度Δf_J上限　　　　(b) f_{JH}与下限f_{JL}

图 2-17　回避频率

【例 2-5】　　鼓风机的回避频率设置。

有一台鼓风机，每当运行在 20Hz 时，振动特别严重，该怎么样解决？

不同变频器预置回避频率的方法略有差异，大致有以下两种。

（1）预置需要回避的中心频率 f_J 和回避宽度 Δf_J。

本例中，$f_J = 20\ \text{Hz}$，回避宽度预制 $\Delta f_J = 2\ \text{Hz}$。

（2）预置回避频率的上限 f_{JH} 与下限 f_{JL}。

本例中 $f_{JH} = 19\ \text{Hz}$，$f_{JL} = 21\ \text{Hz}$。

5．载波频率

变频器的输出电压是经过正弦脉宽调制（SPWM）后的脉冲序列，如图 2-18（a）所示。由于电动机的定子绕组具有电感性质，故通入定子绕组的电流波形是略带脉动的正弦波，脉动频率与载波频率一致。脉动电流将使电动机铁芯的硅钢片中产生涡流，并使硅钢片之间产生电磁力而引起振动，产生电磁噪声。当改变载波频率时，电磁噪声的音调也将发生改变。因此，有的变频器对于调节载波频率的功能，称为"音调调节功能"。

（1）载波频率对变频器输出电压的影响

在逆变桥中，上、下两个逆变管是在不停地交替导通的。为了保证只有在一个逆变管完全截止的情况下，另一个逆变管才开始导通，在交替导通过程中必须有一个死区（等待时间），如图 2-18（b）所示。

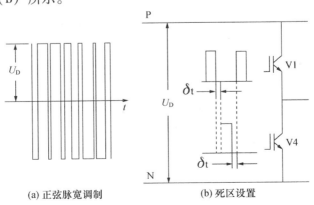

(a) 正弦脉宽调制　　　　　　(b) 死区设置

图 2-18　逆变管交替导通的时间

十分明显，死区是不工作的区域。因此，载波频率越高，死区的累计值就越大，变频器的平均输出电压就越小。

（2）载波频率对变频器输出电流的影响

载波频率对变频器输出电流的影响主要有以下两个方面。

① 载波频率越高，则电流波形的脉动越小。故适当提高载波频率，可以改善电流波形，减小电动机的电磁噪声。

② 载波频率越高，则死区的累计值越大，也就是说在一个周期中不工作的时间越长。因此，载波频率越高，变频器的实际输出电压越小。

（3）载波频率的其他影响

载波频率越高，线路相互之间以及线路与地之间分布电容的容抗越小，由高频脉冲电压引起的漏电流就越大。当电动机与变频器之间的距离较远时，则载波频率越高，由线路分布电容引起的不良效应（如电动机侧电压加高、电动机振动等）就越大。载波频率越高，则高频电压通过静电感应对其他设备的干扰也越严重。同时，高频电流产生的高频电磁场将通过电磁辐射对其他设备，尤其是通信设备产生干扰。

2.2.4　加速、减速时间及模式

1. 工频启动与变频启动

（1）工频启动

以 4 极电动机为例，在接通电源瞬间，同步转速高达 1 500 r/min，转子绕组与旋转磁场的相对速度很高，故转子电动势和电流很高，从而定子电流都很大，可达额定电流的 4～7 倍。从机械特性上看，在整个启动过程中，动态转矩 T_{J} 很大，如图 2-19（a）所示，故启动时间很短，启动过程中的机械冲击很大。

（2）变频启动

采用变频调速后，可通过减低启动时的频率来减小启动电流。仍以 4 极电动机为例，假设在接通电源瞬间，将启动频率减至 5 Hz，则同步转速只有 150 r/min，转子绕组与旋转磁场的相对速度只有工频启动时的十分之一。同时，电动机定子侧的输入电压也很低，故可以通过逐渐增大频率以减缓启动过程。如果在整个启动过程中，使同步转速与转子转速间的转差限制在一定范围内，则启动电流也将限制在一定范围内，如图 2-19（b）所示；另一方面，启动过程中的动态转矩 T_{J} 也大为减小，加速过程将能保持平稳，这就减小了对生产机械的冲击。

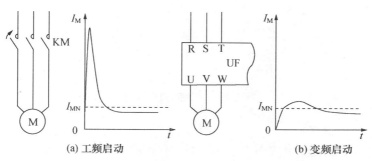

图 2-19　工频与变频启动

2. 变频器的"加速时间"功能

（1）加速时间的定义

变频器的"加速时间"，是指频率从 0 Hz 上加到最高频率（或基本频率）所需要的时间。

（2）加速时间对启动电流的影响

毫无疑问，加速时间长，意味着频率上加较慢，如图 2-20（a）所示，则电动机的转子转速能够跟得上同步转速的上加，在启动过程中的转差较小，如图 2-20（b）所示，从而启动电流也较小。

反之，加速时间短，意味着频率上加较快，如果拖动系统的惯性较大，则电动机转子的转速将跟不上同步转速的上加，结果使转差增大，如图 2-20（c）所示，导致加速电流超过上限值 I_{MN}，如图 2-20（d）所示。

（3）预置加速时间的原则

在生产机械的工作过程中，加速过程（或启动过程）属于从一种状态转换到另一种状态的过渡过程，在这段时间内，通常是不进行生产活动的。因此，从提高生产力的角度出发，加速时间应越短越好。但如上述，如果加速时间过短，则容易"过流"。所以，预置加速时间的基本原则，就是在不过流的前提下，越短越好。

通常，可先将加速时间预置得长一些，观察拖动系统在启动过程中电流的大小，如启动电流较小，可逐渐缩短加速时间，直至启动电流接近上限值时为止。有些负荷对启动和制动时间并无要求，如风机和水泵，则其加速、减速时间可适当地预置得长一些。

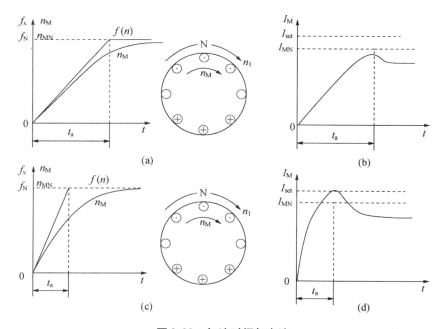

图 2-20　加速时间与电流

（4）加速模式的选择

不同的生产机械对加速过程要求不同，变频器根据各种负荷的不同模式，给出各种的加速曲线（模式）供用户选择。常见的曲线有线性方式、S 形和半 S 形曲线，如图 2-20

所示。

① 线性方式。在加速过程中，频率与时间成线性地上升，如图 2-21（a）所示。多数负荷可预置为线性方式。

② S 形方式。在开始阶段和结束阶段，加速的过程比较缓慢；而在中间阶段，则按线性方式升速，如图 2-21（b）所示。在电梯中，如果加速度变化过快，会使乘客感到不舒服，故以采用 S 形方式为宜。

③ 半 S 形方式。加速过程呈半 S 形，如图 2-21（c）所示。例如，鼓风机在低速时负荷转矩很小，加速过程可以快一些，但随着转速的增加，负荷转矩增大较多，加速过程应减缓一些，采用半 S 形加速方式是比较适宜的。

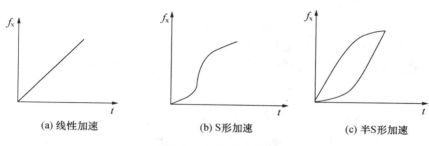

(a) 线性加速　　　　　　(b) S形加速　　　　　　(c) 半S形加速

图 2-21　加速模式曲线

3. 启动功能

不同负荷，根据其自身的状态，在启动过程中，往往有些特殊的要求。针对这种情况，变频器设置了一些可供用户选择的启动功能。

（1）启动频率：对于静摩擦系数较大的负荷，为了易于起转，启动时须有一点冲击力。为此，变频器设置了启动频率（f_s）的功能，使电动机在该频率下"直接启动"。

（2）直流制动：如果电动机在启动前，拖动系统转速不为 0，而变频器的输出频率从 0 Hz 开始上升，在启动瞬间，将引起过电流，最常见的是拖动系统以自由制动方式停机，在尚未停住前又重新启动；风机在停机状态下，叶片由于自然通风而自行转动（通常反转），因此启动前先在电动机定子绕组里通入直流电流，以保证电动机在零转速下启动。

【例 2-6】　一台带式输送机，从 0 Hz 开始启动，完全启动不起来，大约到 10 Hz 才突然启动起来，因为加速度太大，输送带上的物品经常晃动，该怎么解决？

原因分析：带式输送机一类的阻转矩主要来自皮带与滚轮之间的摩擦力，而静止状态的静摩擦力系数大于动摩擦系数，也就是说，静止状态的启动阻转矩比运行时的阻转矩大一些。为克服以上问题，系统需要一点冲击力，使它动起来。具体方式就是预制启动频率 f_s。

有关资料表明：当 $f_s = 4$ Hz 时，启动转矩为额定转矩的 60%；当 $f_s = 6$ Hz 时，启动转矩为额定转矩的 80%；当 $f_s = 8$ Hz 时，启动转矩为额定转矩的 100%，用户可以根据具体情况设置。

除设置启动频率外，还需要设置启动时间 t_s，因为输送带静止时处于松弛状态，若再让启动频率保持一段时间，则会使皮带迅速伸直，这对于延长皮带寿命很有好处。

4. 减速和制动

（1）减速过程中的电动机状态

在变频调速系统中，转速的下降是通过减低频率来实现的。仍以 4 极电动机为例，说明如下。

① 正常运行状态

正常运行时，电动机的实际转速总是低于同步转速的，设为 1 440 r/min。这时，转子绕组以转差 Δn 反方向（与旋转磁场方向相反）切割旋转磁场，电磁转矩 T_M 的方向是和磁场的旋转方向相同的，从而带动转子旋转。

② 频率下减时的状态

在频率刚下减的瞬间，由于惯性原因，转子的转速仍为 1 440 r/min，但旋转磁场的转速却已经下降了。从而，转子绕组变成正方向切割旋转磁场了，这样转子电动势和电流等都与原来相反，电动机变成了发电机，处于再生制动状态，如图 2-22 所示。从能量平衡的观点看，减速过程是拖动系统释放动能的过程，所释放的动能转换成了再生电能。

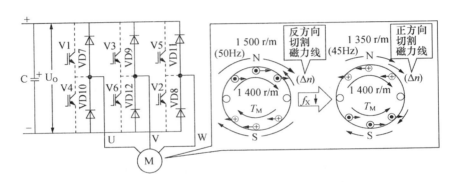

图 2-22　减速过程中的状态

③ 直流电路的电压

电动机在再生状态下发出的电能，经逆变管旁边的反并联二极管 $VD_7 \sim VD_{12}$ 全波整流后，反馈至直流电路，使直流电压上升，称为泵升电压。如果直流电压过高，将会损坏整流和逆变模块。因此，当直流电压升高到一定限值时，必须使变频器跳闸。

（2）减速时间与直流电压

① 减速时间的定义

变频器的"减速时间"是指频率从最高频率（或基本频率）下减到 0 Hz 所需要的时间。

② 减速时间对电流电压的影响

毫无疑问，减速时间长，意味着频率下减较慢，则电动机在下降过程中的发电量较小，从而直流电压上升的幅度也较小。反之，减速时间短，意味着频率下减较快，如果拖动系统的惯性较大，则电动机转子的转速将跟不上同步转速的下减，电动机的发电量较大，导致直流电压超过上限值，如图 2-23 所示。

③ 预置减速时间的原则

与加速过程一样，在生产机械的工作过程中，减速过程（或停机过程）也属于从一种状态转换到另一种状态的过渡过程，在这段时间内，通常是不进行生产活动的。因此，从

提高生产力的角度出发，减速时间也应越短越好。但如上述，如果减速时间过短，则容易
"过电压"。因此，预置减速时间的基本原则，就是在不过压的前提下，越短越好。

　　通常，可先将减速时间预置得长一些，观察拖动系统在停机过程中直流电压的大小。
如果直流电压较小，可逐渐缩短减速时间，直至直流电压接近上限值时为止。

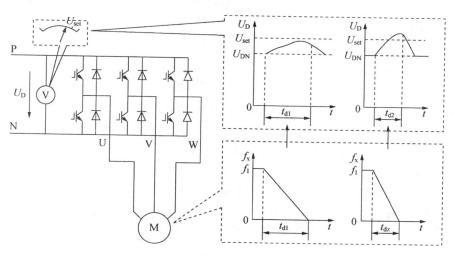

图 2-23　减速时间与直流电压

（3）直流制动

　　有的负荷在停机后，常常因为惯性较大而停不下来，有"爬行"现象。这对于某些机
械来说，是不允许的。例如龙门刨床的刨台，如图 2-24（a）所示，"爬行"的结果将有
可能使刨台滑出台面，造成十分严重的后果。为此，变频器设置了直流制动功能。

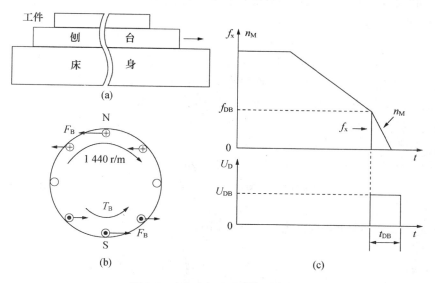

图 2-24　直流制动的原理与预制

① 直流制动的原理

所谓直流制动（也叫能耗制动），就是指向定子绕组内通入直流电流，使定子绕组产

生空间位置不动的固定磁场。电动机的转子将以很快的速度正方向切割固定磁场，转子绕组中产生很大的感应电动势和电流，进而产生很强烈的制动力和制动转矩，使拖动系统快速停止。此外，停止后，定子的直流磁场对转子铁芯还有一定的"吸住"作用，以克服机械的"爬行"。

【例 2-7】　　有一台风机，周围风很大，在不开机时，叶片经常反转，结果启动电流较大，甚至刚启动就跳闸。此外，这台风机的加速时间要 30 s 才不会跳闸，该如何缩短时间？

原因分析：如果电动机在启动前，拖动系统转速不为 0，而变频器的输出频率从 0 Hz 开始上升，在启动瞬间，将引起过电流，最常见的是拖动系统以自由制动方式停机，在尚未停住前又重新启动；风机在停机状态下，叶片由于自然通风而自行转动（通常反转），因此启动前电动机定子绕组通入直流电流，以保证电动机在零转速下启动。

② 直流制动功能的预置

采用直流制动时，需要预置的功能如图 2-24（c）所示。

➢ 直流制动的起始频率 f_{DB}

在大多数情况下，直流制动都是和再生制动配合使用的。即首先用再生制动方式将电动机的转速降至较低转速，其对应的频率即作为直流制动的起始频率 f_{DB}，然后再加入直流制动，使电动机迅速停止。预置起始频率 f_{DB} 的主要依据是负荷对制动时间的要求，要求制动时间越短，则起始频率 f_{DB} 应越高。

➢ 直流制动电压 U_{DB}

U_{DB} 即在定子绕组上施加直流电压的大小，它决定了直流制动的强度。预置直流制动电压 U_{DB} 的主要依据是负荷惯性的大小，惯性越大者，U_{DB} 也应越大。

➢ 直流制动时间 t_{DB}

t_{DB} 即施加直流制动的时间长短。预置直流制动时间 t_{DB} 的主要依据是负荷是否有"爬行"现象，以及对克服"爬行"的要求，要求越高者，t_{DB} 也应适当长一些。

（4）变频器减速、停机方式

① 减速方式

和加速方式一样，减速方式也有线性方式、S 形方式和半 S 形方式三种。大多数情况下都采用线性方式，对于如电梯一类对加速度有较高要求者，可考虑采用 S 形方式，而对于在低速时阻转矩较小的负荷（如风机），则以采用半 S 形方式为宜。

② 停机方式

➢ 键盘操作

只需按下 STOP 键即可实现停机。如果为外接端子操作，则只需将连接运行端子（RUN）或正（反）转端子（FWD 或 REV）与公共端子（COM）之间的触点断开即可。

➢ 减速停机

按照用户预置的降速时间减速并停机，如图 2-25（b）所示。

➢ 自由制动

变频器的逆变管封锁，没有任何输出，使电动机处于切断电源后的自由制动状态，如图 2-25（c）所示。

➢ 减速停机加直流制动

首先按照降速时间减速到一定频率，然后进行直流制动并停机，如图 2-25（d）所示。

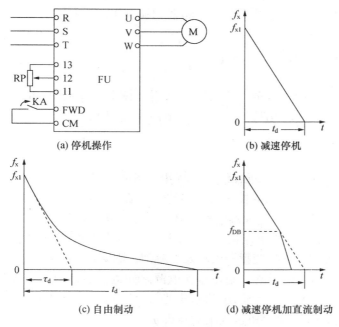

图 2-25　停机方式

2.2.5　变频器常见的控制电路分析

1. 变频器外接正、反转控制电路

在变频器中，通过外接端子可以改变电动机旋转方向。如图 2-26 所示，继电器 KA1 接通时为正转，KA2 接通时为反转。按钮 SB1、SB2 用于控制接触器 KM，从而控制变频器接通或断开电源；按钮 SB3 用于控制停机；按钮开关 SB4 用于控制正转继电器 KA1，从而控制电器的正转运行；按钮开关 SB5 用于控制反转接触器 KA2，从而控制继电器反转运行。

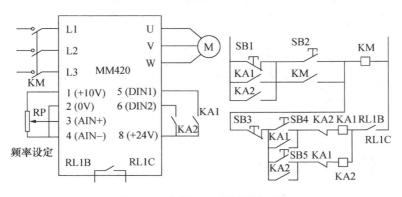

图 2-26　变频正、反转控制电路

2. 变频器工频/变频切换电路

一些关键设备在投入运行后就不允许停机，否则就会造成重大经济损失。这些设备如果由变频器拖动，则变频器一旦出现跳闸停机，应马上将电动机切换到工频电源。另有一类负荷，应用变频器拖动为了节能，如恒压供水系统多泵控制切换，如果变频器达到满载

输出时就失去了节能作用，这时也应将变频器切换到工频运行。因此工频/变频切换电路是一种常用的电路。

（1）手动控制切换电路

① 工频运行

如图 2-27 所示，当 SA 合至"工频"方式时，按下启动按钮 SB2，接触器 KM3 动作并自锁，电动机进入"工频运行"状态。按下停止按钮 SB1，接触器 KM3 断电，电动机停止运行。

② 变频运行

当 SA 合至"变频"时，接触器 KM2 断开，将电动机接至变频器的输出端。KM2 动作后，KM1 也动作，将工频电源接至变频器的输入端，并允许电动机启动。

当按下启动按钮 SB4 时，中间继电器 KA1 动作并自锁，启动变频器，电动机开始加速，进入"变频运行"状态。当按下停止按钮 SB3 时，中间继电器 KA1 断电，电动机停止运行。

在变频运行过程中，如果变频器因故障而跳闸，则"B-C"闭合，中间继电器 KA2 动作，接触器 KM2 和 KM1 均断电，变频器和电源之间以及电动机和变频器之间都被切断。另一方面，由蜂鸣器 HA 和指示灯 HL 进行声光报警。同时，时间继电器 KT 得电，其触点延时闭合，使 KM3 动作，电动机进入工频运行状态。

操作人员发现后，应将选择开关旋至"工频"位置。这时，声光报警停止，并使时间继电器 KT 断电。

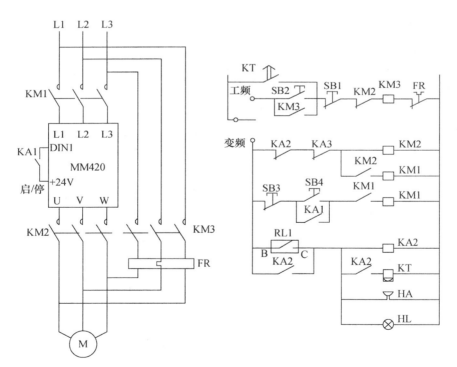

图 2-27　工频/变频切换电路

（2）用 PLC 控制工频/变频切换

S7-200 系列 PLC 控制变频器的工频与变频切换运行，电路图如图 2-28 所示。

在 PLC 控制工频/变频切换的电路图中，使得 KM1 切换变频器的接通、断开，KM2 切换变频器与电动机的接通与断开，KM3 接通电动机的工频运行。KM2 和 KM3 在切换的过程中不能同时得电，需要在 PLC 内、外通过程序和电路进行互锁保护。变频器由电位器 RP 调节频率，用 KA 动合触点控制运行，SA 为工频/变频切换开关。当 SA 旋转至 I0.0 时，电动机为工频运行；当 SA 旋转至 I0.1 时，电动机为变频运行。SB1、SB2 分别为工频运行—变频器通电时的启动/停止开关；SB3、SB4 分别为变频器运行/停止开关。

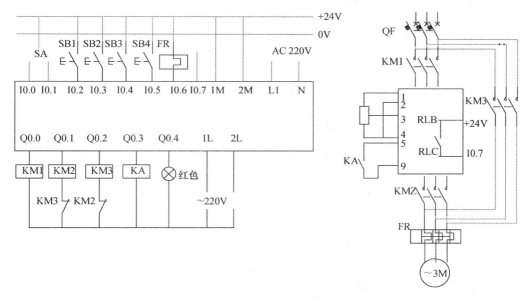

图 2-28　PLC 与变频器硬件接线图

实现工频/变频切换的 PLC 梯形图如图 2-29 所示，各逻辑运行所实现的功能如下：将 SA 旋转至"工频运行"，I0.0 闭合，为工频做准备；按下 SB1 按钮后，I0.2 闭合，Q0.2 置位，KM3 动作，接通电动机工频运行。同时 KM3 的辅助触点切断 KM2 进行连锁。

当需要停机时，按下 SB2 按钮后，I0.3 闭合，Q0.2 复位，KM3 断开，电动机停止运行。在工频运行过程中，当电动机过热时，热继电器接通，I0.6 输入，Q0.2 复位。

将 SA2 旋转至"变频运行"位置，I0.1 闭合，为变频运行做好准备。按下 SB1 按钮后，I0.2 闭合，Q0.1 置位，KM2 动作，将变频器与电动机接通。同时，KM2 的辅助触点切断 KM3 进行连锁。然后 Q0.0 通电，变频器与电源通电。

按下 SB2 按钮后，I0.3 闭合，Q0.1 复位，切断电动机与变频器的连接。同时，Q0.0 复位，使变频器与电源断开。

按下 SB3 按钮后，I0.4 闭合，Q0.3 置位，KA 动作，变频器控制电动机运转。同时，Q0.3 动断触点使 Q0.1 不能复位，即变频器在运行过程中不能切断电源。

按下 SB4 按钮后，I0.5 闭合，Q0.3 复位，KA 断开，变频器停止工作。

在变频器运行过程中，如果出现故障，则变频器的 RL1B 与 RL1C 闭合，I0.7 动作，Q0.4 接通，进行报警；与此同时，启动定时器 T37，通过延时后将 Q0.2 接通，变频器转入工频运行。

在变频器出现故障时，操作人员将 SA 开关旋转至"工频"位置，进行故障排除。一方面使控制系统正式转入工频运行，另一方面解除报警。

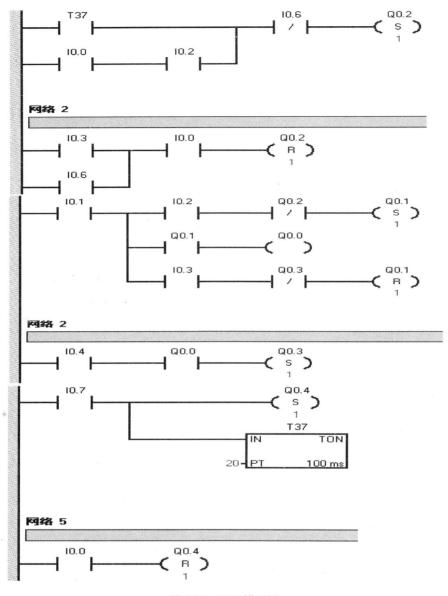

图 2-29　PLC 梯形图

2.3　技能训练：熟悉变频器 I/O 端子

2.3.1　熟悉西门子 MM440 和三菱 FR-A700 变频器输入和输出端子

1. 西门子 MM440 变频器输入和输出端子

西门子 MM440 变频器控制电路主要由开关量端子和模拟量端子组成。

（1）输入端子，如图 2-30 所示

① 端子 1、2 是变频器为用户提供一个高精度的 10 V 的直流稳压源。当采用模拟电压信号输入方式输入给定频率时，为提高交流调速系统控制精度，必须配备一个高精度稳压源作为模拟电压输入的直流电源。

② 端子 3、4 是为用户给输入端提供一对模拟电压作为频率给定信号，经 A/D 转换后，传输给 CPU。调节电位器可变电阻（0～10 V），则给定频率在 0～50 Hz 之间变换。

③ 端子 10、11 为电流给定，在输入端 10、11 输入 0～20 mA，则给定频率在 0～50 Hz 之间变换。

④ 端子 5、6、7、8、16、17 为用户提供 6 个可编程的数字输入端，数字信号经光耦隔离输入 CPU，对电动机进行正反转、正反向点动、多挡频率设置、固定频率设定值控制。

（2）输出端子，如图 2-31 所示

① 端子 9、28 是 24V 直流电源，用户为变频器的控制电路提供 24V 直流电源。

② 端子（12、13），（26、27）为两对模拟输出端。

③ 端子（18、19、20）、（21、22）、（23、24、25）为输出继电器的触点。

④ 端子（29、30）为 RS-485 通信端。

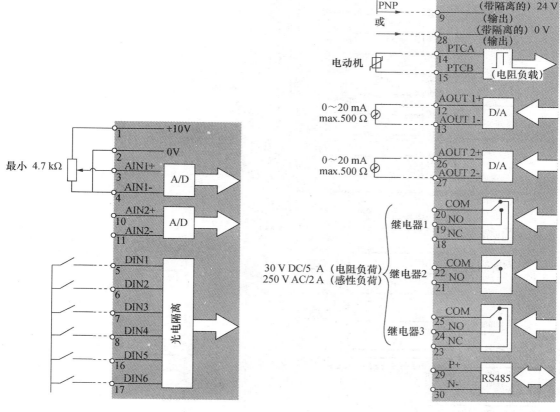

图 2-30 输入端子分配　　　　　　图 2-31 输出端子

注意

模拟输入 1（AIN1）可以用于：0～10V，0～20 mA 和 −10～ + 10 V；模拟输入 2（AIN2）可以用于：0～10V 和 0～20 mA。

2. 三菱 A700 变频器输入和输出端子

三菱 A700 变频器控制电路如图 2-32 所示。

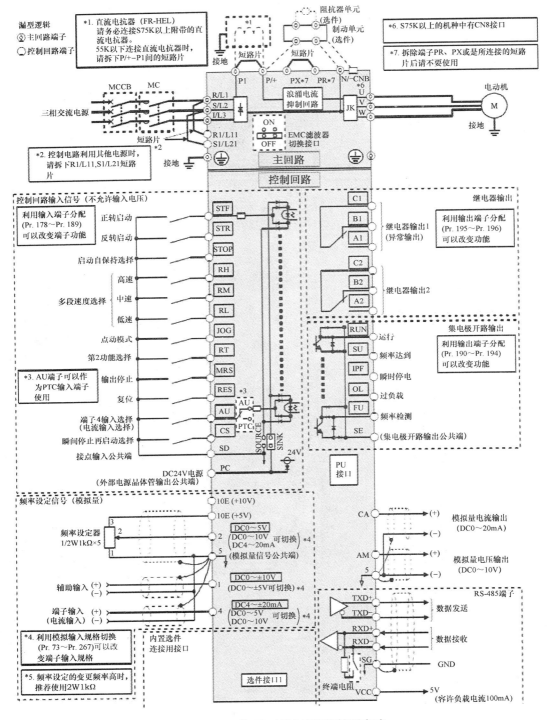

图 2-32　三菱 FR-A700 变频器控制电路

（1）输入端子

输入端子功能如表 2-2 所示。

表 2-2　输入端子含义

种　类	端子记号	端子名称	端子功能说明		额定规格
接点输入	STF	正转启动	STF 信号为 ON 时正转、为 OFF 时停止指令	STF、STR 信号同时为 ON 时变成停止指令	输入电阻 4.7 kΩ 开路时：电压 DC21～26 V 短路时 DC4～6 mA
	STR	反转启动	STR 信号为 ON 时反转、为 OFF 时停止指令		
	RH RM RL	多段速度选择	用 RH、RM 和 RL 信号的组合可以选择多段速度		
	MRS	输出停止	MRS 信号 ON（20ms 或以上）时，变频器输出停止 用电磁制动器停止电动机时用于断开变频器的输出		
	RES	复位	用于解除保护电路动作时的报警输出。使 RES 信号处于 ON 状态 0.1 秒或以上，然后断开。初始设定为始终可进行复位。但进行 Pr.75 的设定后，仅在变频器报警发生时可进行复位。复位所需时间约为 1 秒		
	AU	端子 4 输入选择	只有把 AU 信号置于 ON 时端子 4 才能用，AU 信号置于 ON 时端子 2 的功能无效		
		PTC 输入	AU 端子可以作为 PTC 输入端子使用（保护电动机温度），用于 PTC 输入时要把 AU/PTC 开关切换到 PTC 侧		
	CS	瞬时再启动选择	CS 信号置于 ON，瞬时停止再恢复时电变频器可自动启动，但是必须设定相关参数，出厂设定不能再启动		
	SD	公共输入端子（漏型）	接点输入端子（漏型逻辑）的公共端子 DC24V，0.1A 电源（PC 端子）的公共端子，与端子 5 及 SE 绝缘		
	PC	外部晶体管公共端（源型）DC24V 电源接点输入端公共（初始设定）	在漏型逻辑连接晶体管输出（即集电极开路输出）（例如可编程控制器（PLC））时，将晶体管输出用的外部电源公共端接到该端子，可以防止因漏电引起的误动作		电源电压范围 DC19.2～28.8 V，消耗电流 100 mA

种 类	端子记号	端子名称	端子功能说明	额定规格
频率设定	10E	频率设定用电源	作为外接频率设定（速度设定）用电位器时的电源使用。（参照 Pr.73 模拟量输入选择）	DC5.2 V ± 0.2 V 容许负荷电流 10 mA
	10			
	2	频率设定（电压）	如果输入 DC0～5V（或 0～10V），在 5V（10V）时为最大输出频率，输入、输出成正比。通过 Pr.73 进行 DC0～5V（初始设定）和 DC0～10V 输入的切换操作	输入电阻为 10kΩ ±1kΩ 最大容许电压 DC20V
	4	频率设定（电流）	如果输入 DC4～20mA（或 0～5V，0～10V），在 20mA 时为最大输出频率，输入输出成正比。只有 AU 信号为 ON 时端子 4 的输入信号才会有效（端子 2 的输入将无效）。通过 Pr.267 进行 4～20mA（初始设定）和 DC0～5V、DC0～10V 输入的切换操作。在电压输入（0～5V/0～10V）时，请将电压/电流输入切换开关切换至"V"	在电流输入的情况下：输入电阻 233Ω ± 5Ω，最大容许电流 30mA；电压输入的情况下：输入电阻 10kΩ ± 1kΩ 最大容许电压 DC20V
	5	频率设定公共端子	频率设定信号（端子 2 或 4）及端子 AM 的公共端子。请勿接大地	

（2）输出端子

输出端子功能如表2-3所示。

表 2-3　输出端子含义

种 类	端子记号	端子名称	端子功能说明	额定规格
接点	A1 B1 C1	继电器输出 1（异常输出）	只是变频器因保护动作时输出停止转换点。当发生故障时，B-C 间不导通 A-C 间导通，正常时 B-C 间导通（A-C 间不导通）	接点容量 AC230V 0.3A DC30V 0.3A
	A2 B2 C2	继电器输出 2	一个继电器输出（常开/常闭）	
集电极开路	RUN	变频器正在运行	变频器的输出频率为启动频率以上为低电平，正在停止或正在直流制动时为高电平	允许负荷为 DC24V，0.1A（打开时最大压降为 3.4V）
	SU	频率到达	输出频率为设定频率的 ±10% 时为低电平，正在加减速或停止时为高电平	
	OL	过负荷报警	当失速保护功能动作时为低电平，失速保护解除时为高电平	
	IPF	瞬时停电	瞬时停电，电压不足保护时为低电平	
	FU	频率检测	输出频率为任意的设定的检测频率以上时为低电平，未到达时为高电平	
	SE	集电极开路公共端	端子 RUN、SU、OL、IPF、FU 公共端	

续表

种　类	端子记号	端子名称	端子功能说明	额定规格
模拟	CA	模拟电流输出	可以从多种监视项目中选一种作为输出。输出信号与监视项的大小成比例	容许负荷阻抗 200Ω～450Ω 输出信号 DC0～20mA
	AM	模拟电压输出		输出信号 DC0～10V 容许负荷 电流 1mA

（3）通信

通信端子功能如表 2-4 所示。

表 2-4　通信端子含义

种　类	端子记号		端子名称	端子功能说明
RS-485	PU 接口		PU 接口	通过 PU 接口，可进行 RS-485 通信 ● 标准规格：EIA-485　RS-48（5） ● 传输方式：多站点通信 ● 通信速率：4 800～38 400 bps ● 总长距离：500 m
	RS-485 端子	TXD +	PU 接口	通过 RS485 接口，可进行 RS-485 通信 ● 标准规格：EIA-485　RS-48（5） ● 传输方式：多站点通信 ● 通信速率：300～38 400 bps ● 总长距离：500 m
		TXD −		
		RXD +	变频器传输端子	
		RXD −		
		SG	接地	

（4）控制回路端子的接线

控制回路端子排如图 2-33 所示。

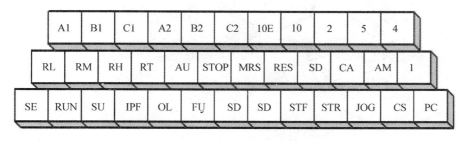

图 2-33　控制回路端子排

① 控制电路的公共端子（SD，5，E）

➤ 端子 SD-5，SE 都为输入输出端子的公共端子（0V），各个公共端子相互绝缘。请不要与端子SD-5，端子SE-5接线。

➤ 端子 SD 为接点输入端子（STF、STR、STOP、RH、RM、RL、JOG、RT、MRS、RES、AU、CS）的公共端子。开放式集电极和内部控制电路为光耦隔离。

➤ 端子 5 是频率设定信号（端子 2，1 和 4），模拟量输出端子 CA 和 AM 的公共端子，应采用屏蔽线或双绞线以避免受到外来噪声的影响。

➤ 端子 SE 为集电极开路输出端子（RUN、SU、OL、IPF、FU）的公共端子。接点输入电路和内部控制电路为光耦隔离。

② 改变控制逻辑

输入信号出厂设定为漏型逻辑。为了转换控制逻辑，需要转换控制电路端子台背面的跳线。（输出信号不论插头位置如何，均可使用漏型逻辑及源型逻辑）

➤ 松开控制回路端子板底部的两个安装螺丝（螺丝不能被卸下），用双手把端子板从控制回路端子背面拉下，如图 2-34 所示。

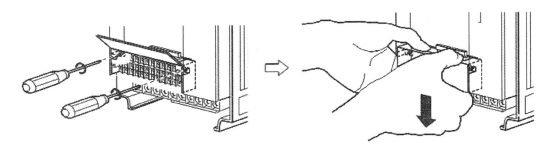

图 2-34　跳线设置步骤 1

➤ 将控制回路端子排里面的漏型逻辑（SINK）跳线接口切换为源型逻辑（SOURCE），如图 2-35 所示。

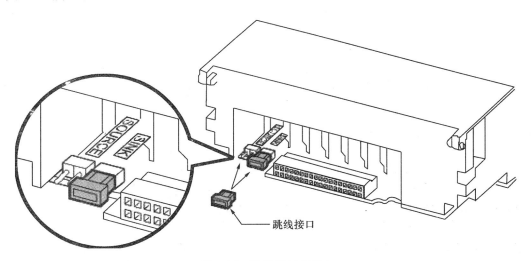

跳线接口

图 2-35　跳线设置步骤 2

➤ 注意，不要把控制电路上的跳线插针弄弯，将控制回路端子板重新安装上并用螺丝把它固定好，如图 2-36 所示。

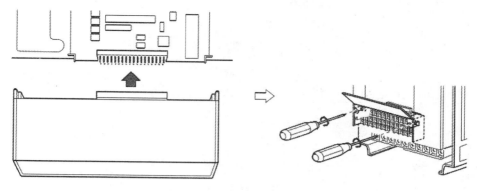

图 2-36　跳线设置步骤 3

2.3.2　MM440 变频器的外接电路控制

1. 外部按钮控制

通过外部按钮控制电动机启动、停止，电动机速度由模拟量调节。

（1）硬件接线设计方案

MM440 变频器为用户提供了两对模拟输入端口，如图 2-37 所示，即端口"3"、"4"和端口"10"、"11"。通过设置 P0701 的参数值，使数字输入"5"端口具有正转控制功能；通过设置 P0702 的参数值，使数字输入"6"端口具有反转控制功能；模拟输入"3"、"4"端口外接电位器，通过"3"端口输入大小可调的模拟电压信号，控制电动机转速的大小。

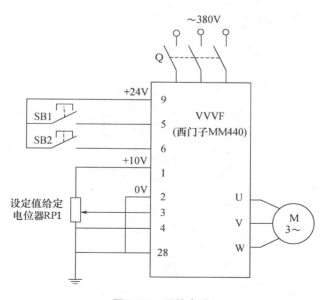

图 2-37　硬件电路

（2）参数设置

① 恢复变频器工厂默认值，设定 P0010 = 30 和 P0970 = 1，按下 P 键，开始复位。

② 设置电动机参数，电动机参数设置完成后，设定 P0010 = 0，变频器当前处于准备状态，可正常运行。

③ 设置变频器控制参数，设置如表 2-5 所示。

表 2-5　变频器控制参数

参　数　号	出　厂　值	设　置　值	说　明
P0003	1	1	用户访问级为标准级
P0004	0	0	参数过滤显示全部参数
P0700	2	2	由端子排输入
P0701	1	1	ON 接通，OFF 停止
P0702	12	2	ON 接通，OFF 停止
P0703	9	17	端子 DIN3 二进制编码选择 + ON 命令
P1000	2	2	频率设定由模拟量给定
P1080	0	0	电动机运行最低频率（Hz）
P1001	0	50	电动机运行最高频率（Hz）

2. MM440 变频器 7 段速度控制

（1）外部端子接线原理

当 MM440 变频器实现 7 种速度控制时，只能用数字输入端口 DIN1～DIN3 组合选择 7 段固定频率，数字输入端口 DIN4 只能作为电动机正向、反向选择控制。也可由 P1001～P1007 参数设置的频率正负决定电动机正向、反向转动。

图 2-38 为 7 段固定频率（即 7 种速度）端子接线图，数字输入端口 DIN1～DIN3 组合选择 7 段固定频率，采用二进制编码选择频率带 ON 命令方式，如表 2-6 所示，则此时 DIN1～DIN5 都具有启动/停止电动机功能。电动机正向、反向转动由 P1001～P1007 参数设置的频率正负决定。

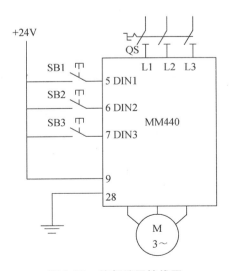

图 2-38　外部端子接线图

表 2-6　7 段固定频率控制状态表

固定频率	DIN3	DIN2	DIN1	对应频率所设置的参数	频率/Hz
OFF	0	0	0		0
1	0	0	1	P1001	10
2	0	1	0	P1002	20
3	0	1	1	P1003	50
4	1	0	0	P1004	30
5	1	0	1	P1005	−10
6	1	1	0	P1006	−20
7	1	1	1	P1007	−50

（2）MM440 变频器的多段速控制功能及参数设置

多段速功能，也称作固定频率，就是在设置参数 P1000 = 3 的条件下，用开关量端子选择固定频率的组合，实现电动机多段速度运行。多段速控制可通过如下三种方法实现。

① 直接选择（P0701～P0706 = 15）。在这种操作方式下，一个数字输入选择一个固定频率。

② 直接选择 + ON 命令（P0701～P0706 = 16）。在这种操作方式下，数字量输入既选择固定频率，又具备启动功能。

③ 二进制编码选择 + ON 命令（P0701～P0704 = 17）。MM440 变频器的 6 个数字输入端口（DIN1～DIN6），通过 P0701～P0706 设置实现多频段控制。每一频段的频率分别由 P1001～P1015 的参数设置，最多可实现 15 个频段控制。

在多频段控制中，电动机的转速方向是由 P1001～P1015 参数所设置的频率正负决定的。6 个数字输入端口，哪些作为电动机运行、停止控制，哪些作为多段频率控制，是可以由用户任意确定的。一旦确定了某一数字输入端口的控制功能，其内部的参数设置值就必须与端口的控制功能相对应。

（3）用基本操作板 BOP 设置参数

① 参数复位。在变频器停车状态下，按下变频器面板上的 P 键，变频器开始复位到工厂默认值。

② 设置电动机参数。电动机参数设置完成后，设置 P0010 = 0，变频器当前处于准备状态，可正常运行。

③ 设置 7 段固定频率控制参数，如表 2-7 所示。

表 2-7　7 段固定频率控制参数表

参　数　号	出　厂　值	设　置　值	说　　明
P0003	1	3	用户访问级为专家
P0004	0	0	参数过滤显示全部参数
P0700	2	2	由端子排输入
P0701	1	17	端子 DIN1 二进制编码选择 + ON 命令
P0702	12	17	端子 DIN2 二进制编码选择 + ON 命令

参　数　号	出　厂　值	设　置　值	说　　明
P0703	9	17	端子 DIN3 二进制编码选择 + ON 命令
P0704	0	0	端子 DIN4 禁用
P1000	2	3	选择固定频率设定值
P1001	0	10	设置固定频率 1
P1002	0	20	设置固定频率 2
P1003	0	50	设置固定频率 3
P1004	0	30	设置固定频率 4
P1005	0	− 10	设置固定频率 5
P1006	0	− 20	设置固定频率 6
P1007	0	− 50	设置固定频率 7
P1016	1	3	固定频率方式_ 位 0 按二进制编码选择 + ON 命令
P1017	1	3	固定频率方式_ 位 1 按二进制编码选择 + ON 命令
P1018	1	3	固定频率方式_ 位 2 按二进制编码选择 + ON 命令

（4）二进制编码选择频率带 ON 命令方式 7 段固定频率控制

① 第 1 频段控制。当 SB1 按钮开关接通，SB2 按钮和 SB3 按钮开关断开时，变频器数字输入端口 DIN1 为 "ON"，端口 DIN2、DIN3 为 "OFF"，变频器工作在 P1001 参数所设定的频率为 10 Hz 的第 1 频段上。

② 第 2 频段控制。当 SB2 按钮开关接通，SB1 按钮和 SB3 按钮开关断开时，变频器数字输入端口 DIN2 为 "ON"，端口 DIN1、DIN3 为 "OFF"，变频器工作在 P1002 参数所设定的频率为 20 Hz 的第 2 频段上。

③ 第 3 频段控制。当 SB1、SB2 按钮开关接通，SB3 按钮开关断开时，变频器数字输入端口 DIN1，DIN2 为 "ON"，端口 DIN3 为 "OFF"，变频器工作在由 P1003 参数所设定的频率为 50 Hz 的第 3 频段上。

④ 第 4、5、6、7 段工作原理同上所述。

⑤ 注意：7 个频率段频率值可根据用户要求通过对 P1001～P1007 的参数进行修改。当频率为负值时，电动机反转。也可以通过数字输入 DIN4 来选择控制电动机正转、反转。

2.4　项目设计方案

2.4.1　硬件设计

根据工艺要求，电动机共有 5 种不同转速，故需要用变频器的 3 点数字量输入信号 RH、RM、RL 来实现调速控制，并采用正转 STF 端子控制电动机正转启动、停止，反转 STR 端子控制电动机反转启动、停止。各段速的频率值、点动频率和加减速时间等用变频器的相关参数来设置。另外，为了生产安全，系统在变频器出现故障时报警并切断电源，系统原理图如图 2-39 所示。

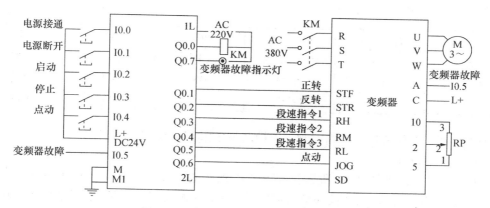

图 2-39 车床主轴变频调速系统原理图

系统采用 PLC 与变频器联合控制, 接通按钮与 I0.0 相连, 用于接通变频器电源; 断开按钮与 I0.1 相连, 用于切断变频器电源; 启动按钮与 I0.2 相连, 用于启动自动循环加工; 停止按钮与 I0.3 相连, 用于停止自动循环加工; 点动按钮与 I0.4 相连, 用于精确定位; I0.5 与变频器的故障输出端相连, 用于报警和保护; Q0.6 与变频器的 JOG 端相连, 作为点动端控制信号; Q0.0 与接触器 KM 线圈相连, 用于控制变频器电源的接通与断开; Q0.1 和 Q0.2 分别与变频器的 STF 端子和 STR 端子相连, 用于控制电动机的正反转; Q0.3、Q0.4、Q0.5 分别与变频器的 RH、RM、RL 相连, 用于控制各段的转速切换; Q0.7 与变频器故障指示灯相连, 用于报警。

2.4.2 系统参数设置与调试

1. 变频器控制方式的选择

车床除了在车削毛坯时负荷大小有较大变化外, 以后的车削过程中, 负荷的变化通常是很小的。因此, 就切削精度而言, 选择 V/f 控制方式是能够满足要求的。矢量控制方式的运行性能最为完善, 但由于需要转速反馈环节, 不但安装麻烦, 而且增加了造价, 因此, 除非该机床对加工精度有特殊要求, 一般没有必要采用此种控制方式。

2. 变频器的参数设置

变频器的参数设置要考虑变频器的功能和型号、电动机型号、加工工艺要求、安全生产要求工作环境及实际生产经验等诸多因素。在本设计中, 变频器的基本参数设置为: 上限频率 Pr.1 为 50 Hz; 下限频率 Pr.2 为 5 Hz; 基准频率 Pr.3 为 50 Hz; 加速时间 Pr.7 为 3 s; 减速时间 Pr.8 为 2 s; 启动频率 Pr.13 为 5 Hz; 点动频率 Pr.15 为 5 Hz; 点动加减速时间 Pr.16 为 4 s。

根据车床主轴速度运行曲线要求, 电动机要有 5 种不同转速, 可在 7 段速度运行参数中任意挑选 5 个, 如第 1 速 Pr.4 为 30 Hz、第 2 速 Pr.5 为 20 Hz、第 3 速 Pr.6 为 10 Hz、第 4 速 Pr.24 为 45 Hz、第 5 速 Pr.25 为 15 Hz。参数与各输入端子状态的对应关系如表 2-8 所示。

表 2-8 变频器多段速运行设置表

速 度	频 率	参 数	RH	RM	RL
1 速	30 Hz	Pr.4	ON	OFF	OFF
2 速	20 Hz	Pr.5	OFF	ON	OFF

续表

速　　度	频　　率	参　　数	RH	RM	RL
3 速	10 Hz	Pr. 6	OFF	OFF	ON
4 速	45 Hz	Pr. 24	ON	OFF	ON
5 速	15 Hz	Pr. 25	ON	ON	OFF

加工时间、速度切换、电路控制、保护及报警由 PLC 的程序控制。

3. PLC 程序设计

PLC 的 I/O 分配如图 2-39 所示，按下"电源接通"按钮，I0.0 的常开触点闭合，使 Q0.0 的线圈得电并自锁，接触器 KM 线圈得电，常开主触头闭合，变频器接通电源；在工作台进入自动循环加工之前，应在点动模式下进行对刀操作，此时按下点动按钮，I0.4 的常开触点闭合，使 Q0.6 的线圈得电，变频器以点动模式工作，运行频率为 5Hz；当调整完毕后，按下启动按钮，车床进行自动循环加工。自动循环加工顺序功能图如图 2-40 所示。

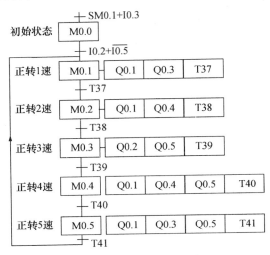

图 2-40　顺序功能图

PLC 梯形图如图 2-40 所示。在车床自动加工的过程中，只要变频器有故障或按下停止按钮，均会使 M0.1～M0.5 的线圈全部复位，使初始步 M0.0 以外的其他步变为不活动步，输出均为 0。此时，车床停止自动加工。同时，初始步 M0.0 激活，为下次的自动循环加工做准备。

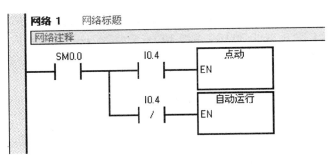

图 2-41　PLC 梯形图

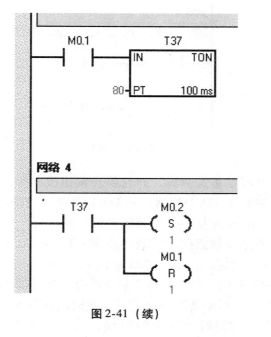

图 2-41（续）

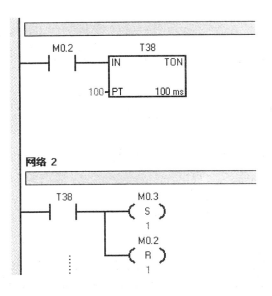

网络 2

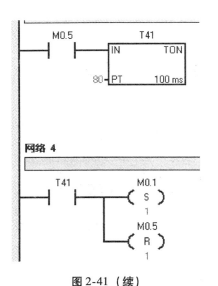

网络 4

图 2-41 （续）

　　在初始步，如果外部设备无故障，并且停止按钮没有按下，可以启动自动循环加工。按下启动按钮，初始步 M0.1 激活，使 Q0.1、Q0.3 线圈通电，输出为 1，同时定时器 T37 开始定时，定时时间为 8 s，车床以正转 1 速运行，运行时间为 8 s。当 T37 的定时时间到的时候，其常开触点闭合，激活步 M0.2，使 Q0.1、Q0.4 线圈通电，输出为 1，同时定时器 T38 开始定时，定时时间为 10 s，车床以正转 2 速运行，运行时间为 10 s。当 T38 的定时时间到的时候，其常开触点闭合，激活步 M0.3，使 Q0.2、Q0.5 线圈通电，输出为 1，同时定时器 T39 开始定时，定时时间为 6 s，车床以正转 3 速运行，运行时间为 6 s。当 T39 的定时时间到的时候，其常开触点闭合，激活步 M0.4，使 Q0.1、Q0.4、Q0.5 线圈通电，输出为 1，同时定时器 T40 开始定时，定时时间为 12 s，车床以正转 4 速运行，运行时间为 12 s。当 T40 的定时时间到的时候，其常开触点闭合，激活步 M0.5，使 Q0.1、Q0.3、Q0.5 线圈通电，输出为 1，同时定时器 T41 开始定时，定时时间为 8 s，车床以正转 5 速运行，运行时间为 8 s。当 T41 的定时时间到的时候，1 个加工周期完毕，T41 的常开触点闭合，激活步 M0.1，重新开始下一个周期。这样，车床将按照工艺要求的速度曲线周期性地自动加工。

思考与练习

一、选择题

1. 变频器多挡转速控制，多挡升、降速时间控制，采用的是变频器的（　　）预置功能。

    A. 基本控制信号　　　　　　　　　　　　B. 可编程控制信号

    C. 外部故障信号　　　　　　　　　　　　D. 外部升降、降速给定控制

2. 对于风机类的负荷宜采用（　　）的转速上升方式。

    A. 直线型　　　　　　　B. S 形　　　　　　　C. 正半 S 形　　　　　　　D. 反半 S 形

3. 下列（　　）方式不适用于变频调速系统？

    A. 直流制动　　　　　　B. 回馈制动　　　　　　C. 反接制动　　　　　　D. 能耗制动

4. 防止生产机械的固有频率与机械运行的振动频率相等而引起的机械共振，需要变频器设置（　　）。

    A. 上限、下限频率　　　B. 点动频率　　　　　　C. 回避频率　　　　　　D. 最大频率

5. 最高频率是对应于最大给定信号的，而上限频率是根据生产机械的工况决定的，两者相比（　　）优先权。

    A. 上限频率　　　　　　B. 下限频率　　　　　　C. 最高频率　　　　　　D. 机械频率

二、填空题

1. 变频器的加速曲线有三种：线形上升方式、（　　）和（　　）。电梯的曳引电动机应用的是（　　）方式。

2. 已知某型号变频器的预设加速度时间为 10 s，则电动机从 30 Hz 加速到 45 Hz 所需时间为（　　）。

3. 工业洗衣机甩干时转速快，洗涤时转速慢，烘干时转速更慢，故需要变频器的（　　）功能。

4. 电动机在不同的转速下、不同的工作场合需要的转矩不同，为了适应这个控制要求，变频器具有（　　）功能。

三、分析设计题

1. 某风机在低速时启动电流不大，如果缩短加速时间，则启动到 40 Hz 以后容易跳闸，而启动过程又不希望太大，请问该怎么办？

2. 变频器为段速运行，每个频率段由端子控制。已知各段速频率分别为 5 Hz、20 Hz、10 Hz、30 Hz、40 Hz、50 Hz、60 Hz，请设置功能参数，并画出运行控制图；当第 3 段速（10 Hz）和第 5 段速（40 Hz）的加速、减速时间为加速、减速时间 3 时，请

选择控制端子，并画出运行控制图。

3. 试用 PLC 和变频器进行 7 挡转速控制，试画出 PLC 和变频器的连接图，并定义输入输出端子，画出梯形图，并以第 3 挡转速进行说明。

4. 有一台变频器，原来采用在带式输送机上，后改用到风机上。当启动时，频率刚上升到 10 Hz 左右，就因"过电流"而跳闸，请问是什么原因？

5. 22 kW 的搅拌电动机，工频运行时满载电流为 41 A，用了变频器后，50 Hz 时满载电流是 43 A（额定电流是 42.5 A），为什么？能否减小？

6. 制动电阻如果因为发热严重而损坏，将会对运行中的变频器产生什么影响？为了使制动电阻免遭烧坏，应采用什么保护方法？

项目三　变频恒压供水

 **知识目标**

（1）了解风机泵类负荷的变频器选择；

（2）掌握变频器的 PID 功能及应用；

（3）掌握变频调速中工频与变频间切换电路。

 **技能目标**

（1）能选择泵类负荷的功能参数；

（2）会用变频器的 PID 功能并调试变频器参数。

 职业素养目标

树立安全用电安全意识，并能从电动机调速系统的发展轨迹来看待变频器在实际工程中的应用背景。

3.1　项目背景及控制要求

3.1.1　项目背景

长期以来，区域的供水系统都是由市政管网经过二次加压和水塔或地面水池来满足用户对恒压供水压力的要求的。在小区供水系统中，加压泵通常是用最不利水点的水压要求来确定相应的扬程设计，然后泵组根据流量变化来选配，并确定水泵的运行方式。由于小区用水有着季节和时段的明显变化，故日常供水运行控制就常采用水泵恒速运行加上调整出口阀开度的方式来调节供水的水量水压，使大量能量消耗在出口阀而被浪费，而且存在水池"二次污染"的问题。变频调速技术在水泵站上的应用，成功解决了能耗和污染的两大难题。

水泵属于二次方律负荷，实施变频调速后供水系统的节能效果十分明显。对供水系统的控制，归根结底，是为了满足用户对流量的需求。因此，流量是供水系统的基本控制对象，而流量的大小又取决于扬程，但扬程难以进行具体测量和控制。考虑到在动态情况下，管道中水压的大小与供水能力（用流量 Q 表示）和用水量（用 Q_U 来表示）之间的平衡情况有关：

（1）供水能力 $Q >$ 用水量 Q_U，则压力上升；

（2）供水能力 $Q <$ 用水量 Q_U，则压力下降；

（3）供水能力 $Q =$ 用水量 Q_U，则压力不变。

供水能力与水流量之间的差异具体反映在流体压力的变化上，从而压力就成为用来控制流量大小的参变量。也就是说，保持供水系统中某处的压力恒定，也就保证了使该处供水能力和用水量处于平衡状态，恰到好处地满足了用户所需的用水量，这就是恒压供水的目的。

根据离心泵的负荷工作原理可知：

（1）P 流量与转速成正比：$Q \propto n$；

（2）转矩与转速的二次方成正比：$T \propto n^2$；

（3）功率与转速的三次方成正比：$P \propto n^3$。

而且变频调速自身的能量损耗极低，在各种转速下变频器输入的功率几乎等于电动机机轴功率，由此可知在使用变频调速技术供水时，系统的流量变化与功率的关系为：

$$P_{\text{V}} = n^3 P_{\text{n}} = Q^3 P_{\text{n}}$$

采用出口控制流量的方式，电动机在工频运行时，系统中流量变化与功率的关系为：

$$P_{\text{阀}} = （0.4 + 0.6Q）P_{\text{n}}$$

式中： Q——流量；

P——功率。

例如，假设当前流量是水泵额定流量的 60%，则

采用变频调速时：$P_{\text{V}} = Q^3 P_{\text{n}} = 0.216 P_{\text{n}}$；

采用阀门控制时：$P_{\text{阀}} = （0.4 + 0.6Q）P_{\text{n}} = 0.76 P_{\text{n}}$；

节电 $= （P_{\text{阀}} - P_{\text{V}}）/ P_{\text{阀}} \times 100\% = 71.6\%$。

通过理论计算结果说明节能效果非常显著，如表 3-1 所示。

表 3-1　泵流量与节电关系

流量（%）	100	90	80	70	60	50
节电率（%）	0	22.5	41.8	61.5	71.6	82.1

3.1.2　控制要求

生活小区供水系统的基本模型如图 3-1 所示，水泵将水池中的水抽出并上扬至所需的高度，以便向生活小区供水。具体要求如下。

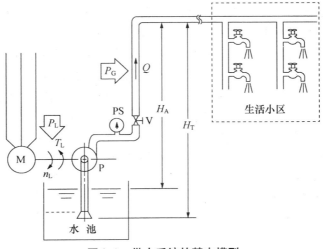

图 3-1　供水系统的基本模型

（1）有 3 台水泵参与恒压供水。

（2）在用水高峰时有 2 台工频运行，1 台变频高速运行；在用水低谷时，有 1 台变频器低速运行。

（3）变频器的升速与降速由供水压力上限和下限触点控制。

（4）工频水泵投入的条件是在水压的下限且变频水泵处于最高速运行时，工频水泵切除的条件是在水压的上限且变频水泵处于最低速运行时。

3.2　知识链接：变频器的其他功能及选择

3.2.1　变频器内置 PID 原理

在生产实际中，拖动系统的运行速度需要平稳，而负荷在运行中不可避免地受到一些不可预见的干扰，系统的运行速度将失去平衡。出现振荡，和设定存在偏差。对该偏差值，经过变频器的 PID 调节，可以迅速、准确地消除拖动系统的偏差恢复到给定值。它能够对流量、风量或者压力等的过程进行控制。

PID 控制是闭环控制的一种常见形式，PID 就是比例、微分、积分控制。通过变频器实现 PID 控制有两种情况：一是变频器内置的 PID 功能，给定信号通过变频器的键盘面板或端子输入，反馈信号反馈给变频器的控制端，在变频器内部调节了改变变频器的输出频率；二是用外部的 PID 调节器将给定信号与反馈量比较后输出至变频器控制端子作为控制信号。总之，当输出量偏离所要求给定的值时，反馈信号成比例变化。在输入端，给定信号与反馈信号相比较，存在一个偏差值。对于该偏差值，经过 PID 调节后振荡和误差都比较小，适用于压力、温度、流量控制等。PID 控制原理图如图 3-2 所示。下面以恒压供水控制系统为例，说明其控制原理。图 3-3 为恒压供水系统控制系统图。

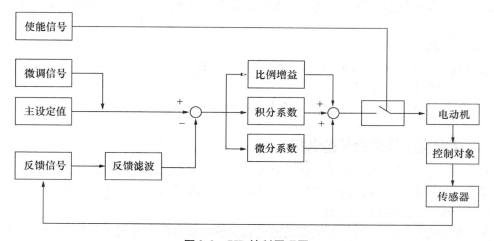

图 3-2　PID 控制原理图

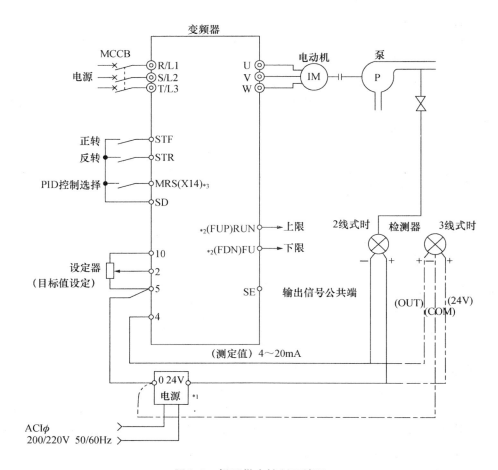

图 3-3　恒压供水控制系统图

假设 X_T 为目标信号，其大小与所要求的储气罐压力 P_{set} 相对应；X_F 为压力变送器的反馈信号，与储气罐的实际压力为 P，则变频器输出频率 f_X 的大小由合成信号（$X_T - X_F$）决定。

如果 $P > P_{set}$，则

$X_F > X_T \rightarrow$（$X_T - X_F$）$< 0 \rightarrow f_X \downarrow \rightarrow P \downarrow \rightarrow$ 直至（$X_F \approx X_T$）为止。

反之，如果 $P < P_{set}$，则

$X_F < X_T \rightarrow$（$X_T - X_F$）$> 0 \rightarrow f_X \uparrow \rightarrow P \uparrow \rightarrow$ 直至（$X_F \approx X_T$）为止。

3.2.2　负荷类型及变频器的选择

因为电力拖动系统的稳态工作情况取决于电动机和负荷的机械特性，不同负荷的机械特性和性能要求是不同的，故在变频器选择时，首先要了解负荷的机械特性。

1. 恒转矩负荷变频器的选择

在工矿企业中应用比较广泛的带式输送机、桥式起重机等都属于恒转矩负荷类型。提升类负荷也属于恒转矩类型负荷，其特殊之处在于正转和反转时都有相同方向的转矩。

（1）恒转矩负荷及其特性

恒转矩负荷及其特性如图 3-4 所示。

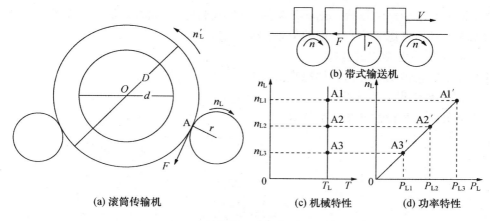

(a) 滚筒传输机　　　(b) 带式输送机　　　(c) 机械特性　　　(d) 功率特性

图 3-4　恒转矩负荷及其特性

① 转矩特点

在不同的转速下，负荷的转矩基本恒定。

运动阻力：F——与转速无关；

作用半径：r——与转速无关。

$$T_L = F \cdot r = 常数$$

即负荷转矩 T_L 的大小与转速 n 的高低无关，其机械特性曲线如图 3-4（c）所示。

② 功率特点

负荷的功率 P_L（单位为 kW）、转矩 T_L（单位为 N・m）与转速 n_L 之间的关系是：

$$P_L = \frac{T_L n_L}{9\,550} \tag{3-1}$$

即负荷功率与转速成正比，其功率特性曲线如图 3-4（d）所示。

（2）变频器的选择

在选择变频器类型时，需要考虑以下几个因素。

① 调速范围

变频器的调速范围与负荷率相关，如表 3-2 所示。

表 3-2　负荷率与调速范围的关系

负　荷　率	最高频率/Hz	最低频率/Hz	调速范围
100%	50	20	2.5
90%	56	15	3.7
80%	62	11	5.6
70%	70	6	11.6

在调速范围不大、对机械特性的硬度要求也不高的情况下，可以考虑选择较为简易的只有 V/F 控制方式的变频器，或无反馈的矢量控制方式。当调速范围很低时，应考虑有反馈的矢量控制方式。

② 负荷对机械特性的要求

如果负荷对机械特性的要求不是很高，则可考虑选择较为简易的只有 V/F 控制方式的变频器；而在要求较高的场合，则必须采用矢量控制方式。如果负荷对动态响应性能也有较高的要求，还应考虑采用有反馈的矢量控制方式。

2. 恒功率负荷变频器的选择

各种卷取机是恒功率负荷，如造纸机械等。

（1）恒功率负荷及其特性

恒功率负荷及其特性如图 3-5 所示。

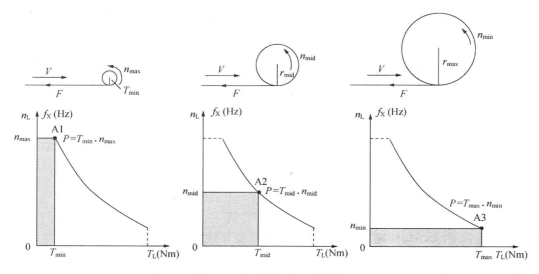

图 3-5　恒功率负荷及其特性

① 功率特点

卷取物张力：F——常数，在卷取过程中要求张力保持恒定；

卷取物线速度：V——为常数，在卷取过程中，要求卷取物线速度保持恒定；

卷取物的卷取半径：r——随着卷取物不断地卷绕到卷取辊上越来越大。

在不同转速下，负荷的功率基本恒定，都有 $P_L = F \cdot V =$ 常数，如图 3-4 中阴影部分所示。

② 转矩特点

转矩 $T_L = F \cdot r \propto r$，随着卷绕过程的不断进行，卷取物的半径越来越大，负荷转矩也不断增大，如图 3-6 所示。

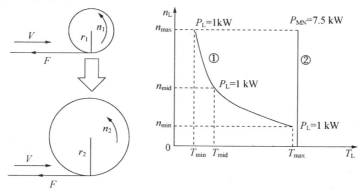

图 3-6　恒功率负荷的转矩特性

③ 转速特点

由于 $n_L = \dfrac{V}{2\pi r} \propto \dfrac{1}{r}$，可知负荷的转速与卷取半径成反比。

（2）变频器的选择

一般恒功率负荷可选用通用型变频器，采用 V/F 控制方式就足够了。但对动态性能有较高要求的卷取机械，则必须采用有矢量控制功能的变频器。

3. 二次方律负荷变频器的选择

离心式风机和水泵都属于典型的二次方律负荷。

（1）二次方律负荷及其特性

① 转矩特点

负荷的转矩 T_L 与转速 n_L 的二次方成正比，即 $T_L = K_T n_L^2$，其机械特性曲线如图 3-7（b）所示。

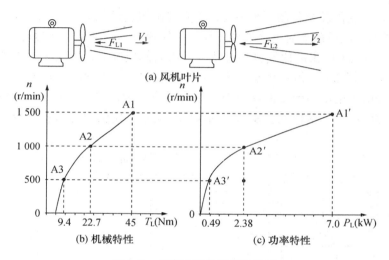

图 3-7　二次方律负荷及其特性

② 功率特点

将 $T_L = K_T n_L^2$ 代入式（3-1）中，可得负荷的功率 P_L 与转速 n_L 的三次方成正比，即

$$P_L = \frac{K_T n_L^2 n_L}{9\,550} = K_P n_L^3$$

式（3-2）中，K_T——二次方律负荷的转矩常数；

$\qquad\qquad K_P$——二次方律负荷的功率常数。

其功率特性曲线如图 3-7（c）所示。

（2）变频器的选择

大部分品牌的变频器都有"风机、水泵用"变频器可选用，其主要特点如下。

① 风机和水泵一般不容易过载，所以这类变频器的过载能力较低，为 120%，1 min（通用变频器为 150%，1 min）。因此，在进行功能预置时必须注意。由于负荷的转矩与转速的平方成正比，故当工作频率高于额定频率时，负荷的转矩有可能大大超过变频器的额定转矩，使电动机过载。因此，其最高频率不得超过额定频率。

② 配置了多台控制的切换功能。

③ 配置了一些其他专用的控制功能，如"睡眠"与"唤醒"功能、PID 调节功能。本项目将选择此类变频器。

3.3　技能训练：变频器闭环 PID 控制

3.3.1　PID 预制原则

在工艺生产和机械设备的自动控制中，一般 PID 不单独操作使用，即 P（增益）、I（积分时间）、D（微分时间）不单独使用，而是经常采用 PI 控制、PD 控制和 PID 控制。

1. 比例增益环节

比例增益 P 的功能就是将图 3-8 中 ΔX 的值按比例进行放大（放大 P 倍），这样尽管 ΔX 的值很小，但是经过放大后再来调整压缩机的转速会比较准确、迅速。放大后，ΔX 的值增加，静差 ε 在 ΔX 中占的比例也相对减少，从而使控制灵敏度增大，误差减小。但如果 P 值设置过大，则 ΔX 的值将会变得很大，系统的实际压力 P_X 调整到给定值 P_P 的速度必定很快。但是由于拖动系统的惯性原因，很容易发生 $P_X > P_P$ 的情况，出现超调，于是控制又必须反方向调节。这样就会使系统的实际压力在给定值 P_P 附近来回振荡。

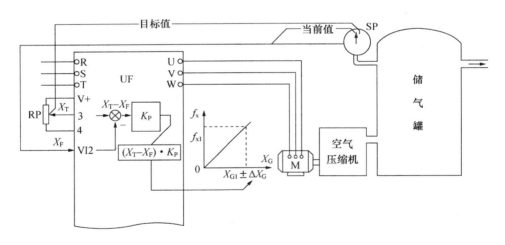

图 3-8　比例增益的引入

因此，比例增益 P 与静差 ε 之间应该满足如表 3-3 所示的关系。

表 3-3　比例增益与静差的关系

ΔX（操作量）	1V				
P（比例增益）	10	100	1 000	10 000	100 000
$\varepsilon = X_T - X_F$（静差）	0.1	0.01	0.001	0.0001	0.000 01

2. PI 控制

仅用 P 动作控制，会出现上述的振荡。为了消除振荡，一般采用增加 I 动作。即对偏差信号取积分后再输出，其作用是延长加速和减速时间，以缓解因 P 功能设置过大而引起的超调。用 PI 控制时，能消除由改变目标值和经常的外来扰动等引起的偏差。但是，I 动作过强时，对快速变化偏差响应迟缓。

3. PD 控制

当发生偏差时，很快产生比单独 D 动作还要大的操作量，以此抑制偏差的增加。当偏差小时，P 动作的作用减小。控制对象含有积分元件的场合，仅 P 动作控制，有时由于此积分元件作用，系统发生振荡。在该场合，为使 P 动作的振荡衰减和系统稳定，可用 PD 控制。换言之，适用于过程本身没有制动作用的负荷。

4. PID 控制

利用 PID 动作消除偏差作用和 D 动作抑制振荡作用，再结合全 P 动作就构成 PID 控制。采用 PID 方式能获得无偏差、精度高和系统稳定的控制过程。

5. 目标值的确定

目标值的设定要根据传感器的量程来确定。例如，当变频器目标信号由 4～20 mA 端子输入，传感器量程为 1 MPa 时，目标值为 0.6 MPa，此时，目标值应为量程的 60%，如图 3-9（a）所示。当传感器的量程为 5 MPa 时，目标值为 0.6 MPa，此时目标值应为量程的 12%，如图 3-9（b）所示。

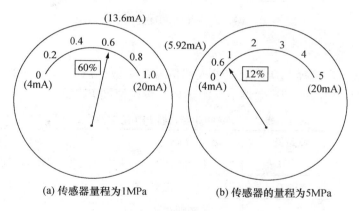

(a) 传感器量程为1MPa　　　(b) 传感器的量程为5MPa

图 3-9　目标值的确定

3.3.2　西门子 MM440 变频器的 PID 控制

西门子 MM440 变频器内部有 PID 调节器。利用 MM440 变频器能够很方便地构成 PID 闭环控制，可通过 P2200 使能、PID 电动电位计（PID-MOP）、PID 固定给定值（PID-FF），模拟输入（AIN1，AIN2）或串行接口（USS 在 BOP 链路上、USS 在 COM 链路上、CB 在 COM 链路上）输入工艺给定值和实际值。

MM440 变频器 PID 控制原理简图如图 3-10 所示。

1. 功能参数说明

（1）使能参数

使能参数是指允许用户投入/禁止 PID 控制器的功能参数，访问级别为 2；当设为 1 时，允许投入 PID 闭环控制器。当 P2200 有下标时，P2200 [0] 第一命令数据组（CDS）；P2200 [1]第二命令数据组（CDS）；P2200 [2] 第三命令数据组（CDS）。

当设定 P2200 为 1 时，在参数 P1120 和 P1121 中设定的常规斜坡时间和常规的频率设定值自动被禁止。

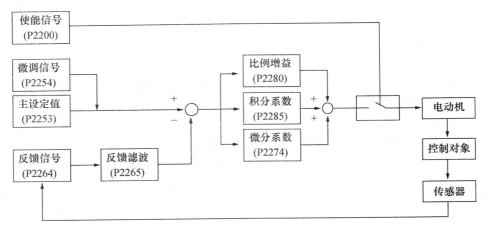

图 3-10　MM440 变频器 PID 控制原理简图

（2）PID 给定源参数

P2253 为允许用户选择 PID 设定值输入的信号源参数，访问级别为 2，具体设定值如表 3-4 所示。P2254 为选择 PID 微调信号源参数，设定值同 P2253。

表 3-4　MM440 变频器 PID 给定源

PID 给定源	设定值	功能解释	说　　明
P2253	2 250	BOP 面板	通过改变 P2240 改变目标值
	755. 0	模拟通道 1	通过模拟量大小改变目标值
	755. 1	模拟通道 2	

（3）PID 反馈信号参数

P2264 为选择 PID 反馈信号源参数，访问级别为 2，具体设定值如表 3-5 所示。P2265 为选择 PID 反馈信号源微调的参数，设定值同 P2264。

表 3-5　MM440 变频器 PID 反馈源

PID 反馈源	设定值	功能解释	说　　明
P2264	755. 0	模拟通道 1	当模拟量波动较大时，可适当加大滤波时间，确保系统稳定
	755. 1	模拟通道 2	

（4）PID 微分时间设定参数

P2274 用来设定 PID 控制器微分时间，单位为秒，访问级别为 2。当 P2274 设定为 0

时，微分项不起作用。

（5）比例增益系数

P2280 是用户设定比例增益系数的参数，访问级别为 2。

（6）积分时间设定参数

P2285 用来设定 PID 控制器积分时间常数，单位为秒，访问级别为 2。

（7）PID 输出上限、下限参数

P2291 用来设定 PID 的输出上限幅值，单位为%，访问级别为 2；P2292 用来设定 PID 的输出下限幅值，单位为%，访问级别为 2。

2. 根据控制目标选择 PID 反馈源

（1）冷却水——恒温差控制

对于中央空调类，通过测量进、出水间温差控制变频器动作的控制系统。测量系统应选择温差控制器，由温差控制器输出控制变频器。

（2）水源变化——恒压控制

对于恒压供水类、风机、压缩机类，通过系统的压力控制变频器动作的控制系统，应选择压力传感器或压力变送器测量，由压力传感器或压力变送器的输出控制变频器。

（3）卷绕机械——恒张力控制

对于卷绕机械类，通过系统的张力控制变频器动作的控制系统，应选择张力传感器或测量，由张力传感器的输出控制变频器。

3. PID 应用实例

某厂燃煤炉鼓风机的电动机容量为 55 kW，采用变频设速，整个系统由变频器和压力变送器配合，实现炉膛保持稳定的微负压，其具体控制要求如下。

① 按设计要求鼓风机恒速运行，引风机由变频器调频驱动，实现炉膛负压调节。

② 当炉膛负压高于上限压力时，变频器调高输出频率，加速引风机运行速度，迫使炉膛压力下调；当炉膛压力低于下限压力时，变频器调低输出频率，减小引风机运行速度，使炉膛压力上升。

③ 参考指针式压力表的实际压力，炉膛压力目标值通过调节变频器操作面板上的▲键、▼键来设定；PID 反馈信号由压力变送器检测。

④ 通过变频器 PID 调节功能，配合变送器检测的反馈信号，使炉膛负压保持恒定。

（1）变频器的选择

① 变频器容量的选择。由于风机、压缩机类负荷对过载能力要求不高，因此选择与电动机容量相匹配的容量变频器即可。

② 变频器控制功能的选择。由于风机类负荷低速运行时转矩较小，同时对转速精度要求不高，故可选用 V/F 控制方式。

（2）系统接线

系统组成有压力变送器、MM440 变频器、引风机以及燃煤锅炉系统。

闭环控制系统模式用于自动恒风压控制，控制系统闭环控制框图和电路图分别如图 3-11、图 3-12 所示。

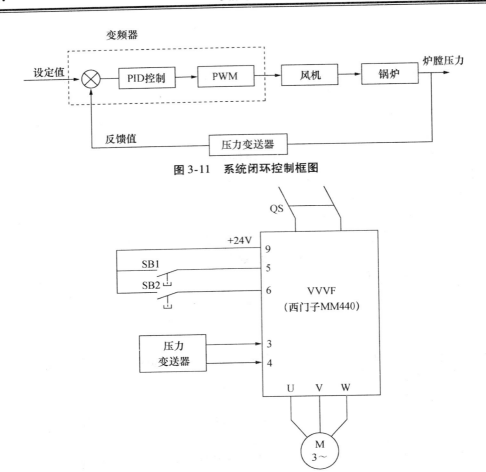

图 3-11   系统闭环控制框图

图 3-12   系统闭环控制电路图

（3）参数设置

① 参数复位：设定 P010 = 30 和 P0970 = 1，开始复位，复位过程大约 3 s，这样就保证变频器的参数回到工厂默认值。

② 设置电动机参数，如表 3-6 所示。

表 3-6   电动机参数设置

参 数 号	出 厂 值	设 置 值	说　明
P0003	1	1	设定用户访问级
P0010	0	1	快速调试
P0100	0	0	功率以 kW 表示，频率以 Hz 表示
P0304	230	380	电动机额定电压（V）
P0305	3.25	25.4	电动机额定电流（A）
P0307	0.75	55	电动机额定功率（kW）
P0310	50	50	电动机额定频率（Hz）
P0311	0	1 400	电动机额定转速（r/min）

当电动机参数设定完成后，设 P0010 = 0，变频器当前处于准备状态，可正常运行。

③ 设定控制参数，如表 3-7 所示。

表 3-7 控制参数

参 数 号	出 厂 值	设 置 值	说 明
P0003	1	2	用户访问级为扩展级
P0004	0	0	参数过滤显示全部参数
P0700	2	2	由端子排输入
* P0701	1	1	端子 DIN1 功能为 ON，接通正转/OFF 停车
* P0702	12	25	端子 DIN2 功能为直流注入制动
* P0703	9	0	端子 DIN3 禁用
* P0704	0	0	端子 DIN4 禁用
P0725	1	1	端子 DIN 输入为高电平有效
P1000	2	1	频率设定由 BOP（▲、▼键）设置
* P1080	0	20	电动机运行最低频率（下限频率）（Hz）
* P1082	50	50	电动机运行最高频率（上限频率）（Hz）
P2200	0	1	PID 控制有效

注：标"＊"号的参数可根据用户需要改变。

④ 设置目标参数，如表 3-8 所示。

表 3-8 目标参数

参 数 号	出 厂 值	设 置 值	说 明
P0003	1	3	用户访问级为专家级
P0004	0	0	参数过滤显示全部参数
P2253	0	2250	已激活的 PID 设定值
* P2240	10	60	由面板 BOP（▲、▼键）设定的目标值（%）
* P2254	0	0	无 PID 微调信号源
* P2255	100	100	PID 设定的增益系数
* P2256	100	0	PID 微调信号增益系数
* P2257	1	1	PID 设定值斜坡上升时间
* P2258	1	1	PID 设定值斜坡下降时间
* P2261	0	0	PID 设定无滤波

注：标"＊"号的参数可根据用户需要改变。

当 P2232 = 0 时，允许反向，可以用面板 BOP 键盘上的▲、▼键设定 P2240 值为负值。

⑤ 设定反馈参数，如表 3-9 所示。

表 3-9 反馈参数表

参 数 号	出 厂 值	设 置 值	说 明
P0003	1	3	用户访问级为专家级
P0004	0	0	参数过滤显示全部参数

续表

参　数　号	出　厂　值	设　置　值	说　　明
P2264	755.0	755.0	PID 反馈信号由 AIN +（即模拟输入（1））设定
* P2265	0	0	PID 反馈信号无滤波
* P2267	100	100	PID 反馈信号上限值（%）
* P2268	0	0	PID 反馈信号下限值（%）
* P2269	100	100	PID 反馈信号增益（%）
* P2270	0	0	不用 PID 反馈器的数学模型
* P2271	0	0	PID 传感器的反馈形式为正常

注：标"＊"号的参数可根据用户需要改变。

⑥ 设置 PID 参数，如表 3-10 所示。

表 3-10　PID 参数表

参　数　号	出　厂　值	设　置　值	说　　明
P0003	1	3	用户访问级为专家级
P0004	0	0	参数过滤显示全部参数
* P2280	3	25	PID 比例增益系数
* P2285	0	5	PID 积分时间
* P2291	100	100	PID 输出上限（%）
* P2292	0	0	PID 输出下限（%）
* P2293	1	1	PID 限幅的斜坡上升/下降时间（s）

注：标"＊"号的参数可根据用户需要改变。

通过以上参数的设置，可以使炉膛负压保持恒定，同时也达到节能效果。

3.3.3　三菱 FR-E740 变频器的 PID 设定

在三菱 FR-E740 变频器中，Pr.128～Pr.134 为工艺生产自动控制时所用的 PID 调节控制作用参数。

以端子2输入信号或参数设定值为目标，以端子4输入信号作为反馈量，组成反馈系统以进行 PID 控制，具体作用如表 3-11 所示。

表 3-11　三菱 FR-A740 变频器的 PID 设定参数

参数编号	名　　称	初　始　值	设定范围	内　　容	
127	PID 控制自动切换频率	9 999	0～400 Hz	自动切换 PID 频率	
			9 999	无 PID 自动切换频率	
128	PID 动作选择	10	0	PID 不动作	
			20	PID 负作用	测定值端子 4
			21	PID 正作用	目标值 Pr.133 或端子 2

续表

参数编号	名　称	初　始　值	设定范围	内　　容		
			40	PID 负作用	计算方法：固定	储线器控制用目标值 Pr. 133 测定值端子 4 的主速度
			41	PID 正作用		
			42	PID 负作用	计算方法：比例	
			43	PID 正作用		
			50	PID 负作用	偏差值信号输入	
			51	PID 正作用		
			60	PID 负作用	测定值、目标值信号输入	
			61	PID 正作用		
129 × 1	PID 比例带	100%	0.1%～100%	当比例带狭窄（参数设定值小）时，测定值的微小变化可以带来大的操作量变化 随着比例带变小，响应灵敏度会变得更好，可能引起振荡、降低稳定性 增益 $K_p = 1/$ 比例带		
			9 999	无比例控制		
130 × 1	PID 积分时间	1 s	0.1 s～3 600 s	在偏差步进输入时，仅在积分（I）动作中得到比例（P）动作相同的操作量所需的时间 随着积分时间变小，达到目标值的速度会加快，但是容易发生振荡		
			9 999	无积分控制		
131	PID 上限	9 999	0～100%	上限值 反馈量超过设定值的情况下输出 FUP 信号测定值的最大输入相当于 100%		
			9 999	无功能		
132	PID 下限	9 999	0～100%	下限值 反馈量超过设定值的情况下输出 FDN 信号测定值的最大输入相当于 100%		
			9 999	无功能		
133 × 1	PID 动作目标值	9 999	0～100%	PID 控制时目标值		
			9 999	端子 2 输入为目标值		
134 × 1	PID 微分时间	9 999	0.01 s～10 s	在偏差指示灯输入时，仅得到比例动作的操作量所需要的时间随着微分时间的增大，对偏差变化的反应越大		
			9 999	无微分控制		

1. PID 动作选择

在自动控制系统中，电动机的转速与被控制量的变化趋势相反，称为负反馈或负逻辑，如图 3-13 所示；反之，称为正反馈或正逻辑，如图 3-14 所示。例如，在空气压缩机的恒压控制中，压力越高，要求电动机转速越低，其逻辑关系称为正逻辑；空调机制冷中温度越高，要求电动机转速越高，其逻辑关系称为负逻辑，具体设定方法如表 3-6 所示。

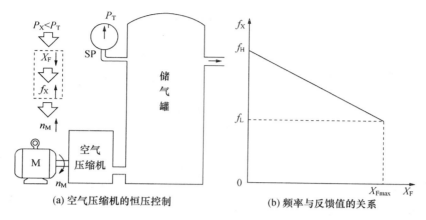

(a) 空气压缩机的恒压控制　　　　　　(b) 频率与反馈值的关系

图 3-13　负反馈控制

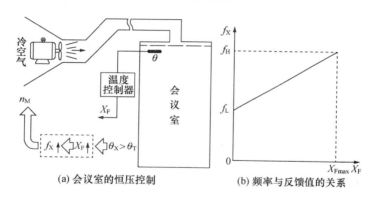

(a) 会议室的恒压控制　　　　　　(b) 频率与反馈值的关系

图 3-14　正反馈控制

2. 目标值的给定

① 键盘给定法。由于目标信号是一个百分数，所以可以由键盘直接给定。

② 电位器给定法。目标值从变频器的频率给定端输入，由于变频器已经预置为 PID 运行方式，因此在调节目标值时，显示屏上的是百分数。

③ 变量目标值给定法。在生产过程中，有时要求目标值能根据具体情况进行调整，这时变量目标值可以分挡给定。

3.3.4　PID 设置时可能出现的问题及解决

拖动系统在刚启动时，反馈信号为"0"，和目标信号之间的偏差值 ΔX 很大，由 PID 运算出的调节量 Δ_{PID} 也很大，结果电动机升速将很快，有可能导致因过电流而跳闸。解决方案有以下几种。

1. 增大变频器容量

在变频器容量选择时，可在计算值中上调 1%～2%。

2. 利用外接端子切换

在拖动系统刚启动时，先通过继电器端子将变频器的 PID 功能切除，等拖动系统进入正常运行时，使变频器的 PID 功能有效，电路如图 3-15 所示。在图 3-15（b）所示的电路中，增加了继电器 KA2，当拖动系统启动时，KA2 常开接点断开，变频器的 PID 功能无效；当变频器正常运行后，继电器 KA2 得电，常开接点闭合，变频器 PID 功能有效，接线方法如图 3-15（b）所示。

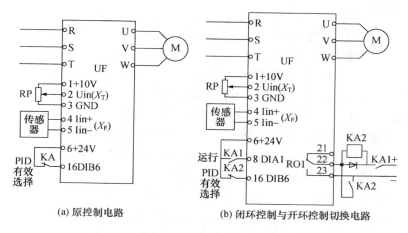

(a) 原控制电路　　　　(b) 闭环控制与开环控制切换电路

图 3-15　变频器闭环控制与开环控制的切换

3. 利用变频器自身的启动功能

西门子 MM440 系列变频器的功能码 P2293 为 "PID 上升时间"，当投入 PID 功能时，输出限幅值由 0 沿斜坡曲线上升到 P2291（PID 输出上限）和下降到 P2292（PID 输出下限）设定的限幅值所需要的时间。这样可防止变频器启动时 PID 输出出现大的跳变。

4. 空调可选用温度变送器的 PID 功能

此功能即利用变频器的外置 PID，温度的目标值直接由温度变送器（TC）的面板给定，由温度变送器直接把 PID 调节后的信号输出到变频器，如图 3-16 所示。这种方式在变频器升速和降速时间有效，且预置得较长，将会影响灵敏度。但因温度本身的变化比较缓慢，故使用效果良好。

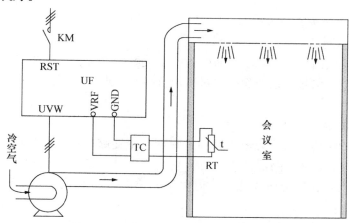

图 3-16　风机的恒温控制

3.4　项目设计方案

3.4.1　系统硬件设计

本项目是利用 PLC 控制电器组，来达到变频—工频切换。恒压供水系统为闭环控制系统，其工作原理为：供水压力通过传感器采集给系统，再通过变频器的 A/D 转换模块将模拟量转换成数字量量；同时，变频器的 A/D 转换将压力设定值转换成数值量，两个数据同时经过 PID 控制模块进行比较，PID 根据变频器的参数设置进行数据处理，并将数据处理的结果以运行频率的形式控制输出。PID 控制模块具有比较和差分的功能，供水压力低于设定压力，变频器就会将运行频率升高，相反则降低，并且可以根据压力变化的快慢进行差分调节。供水压力经 PID 调节后的输出量，通过交流接触器组进行切换控制水泵的电动机。在水网中的用水量增大时，会出现一台变频泵效率不够的情况，这时就需要其他的水泵以工频的形式参与供水，交流接触器组就负责水泵的切换工作情况，由 PLC 控制各个接触器，按需要选择工频供电或是变频供电，涉及硬件如表 3-12 所示。

表 3-12　变频控制的元件清单

名　称	符　号	规格型号
断路器	QF	DZ47-60/3P/C16
变频器	VVVF	FR-E740
按钮	SB1/SB2	JZX-22F
压力变送器	—	PMP131
电位器	RP	多圈 4.7kΩ
交流接触器	KM0～KM5	CJ10-20/3
继电器	KA	—
可编程控制器	PLC	FX1N-40MR-001

1. 常用的压力变送器

（1）压力传感器

压力传感器的输出信号是随压力而变的电压或电流信号，如图 3-17（a）所示。当距离较远时，应取电流信号，以消除因线路压降引起的误差；通常取 4～20 mA，以区别零信号和无信号。

（2）远传压力表

远传压力表的结构是在压力表指针轴上附加一个能够带动电位器的滑动触点的装置，如图 3-17（b）所示。从电路器件角度看，它实际上是一个电阻值随压力而变的电位器。在使用时，远传压力表的价格较低廉，但由于电位器滑动点总在一个地方摩擦，故寿命较短。

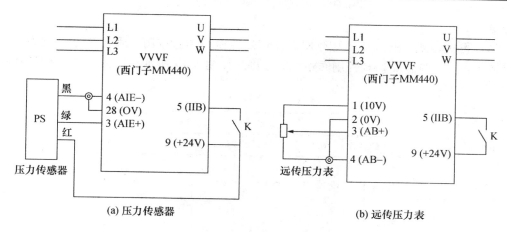

图3-17　常见的压力变送器

2. 主电路接线

主电路的连接如图3-18所示。KM0和KM1分别控制1号水泵的变频运行和工频运行，而KM2和KM3则控制2号水泵的变频运行和工频运行，KM4和KM5控制3号水泵的变频启动。根据设计要求，3号水泵没有连接工频运行。

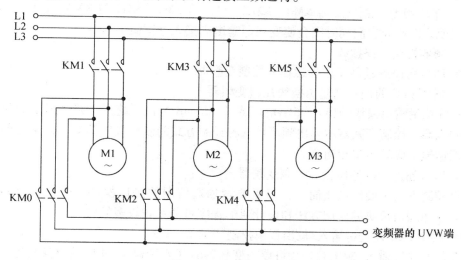

图3-18　主电路接线图

3. 交流接触器及PLC控制回路的部分接线

项目的运行要求如下所述。

（1）当系统启动时，KM0闭合，1号水泵以变频方式运行。

（2）当变频器的运行频率超出设定值时，输出一个上限信号，PLC接收到这个上限信号后将1号水泵由变频运行转为工频运行，KM0断开，KM1闭合，同时KM2闭合，2号水泵变频启动。

（3）如果再次接收到变频器上限输出信号，则KM2断开，KM3闭合，2号水泵由变频转为工频，同时KM4闭合，3号水泵变频运行。如果变频器频率偏低，即压力过高，则输出的下限信号使PLC关闭KM4、KM3并使其不作用，开启KM2使其闭合，2号水泵变频启动。

（4）再次收到下限信号就关闭 KM2、KM1 并使其不起作用，闭合 KM0，只剩 1 号水泵变频工作。变频器及 PLC 控制回路的部分接线如图 3-19 所示。选用三菱 FR-E100 变频器和三菱 PLC。

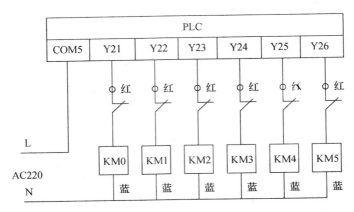

图 3-19　交流接触器控制回路接线图

Y21～Y26 分别控制接触器 KM0～KM5。KM0 与 KM1、KM2 与 KM3、KM4 与 KM5 之间分别互锁，以防止它们同时闭合使变频器输出端接入电源输出端。

4. 变频器控制回路接线

通常 PLC 可以通过以下三种途径来控制变频器。

（1）利用 PLC 的模拟量输出模块控制变频器

PLC 模拟量输出模块输出 0～5 V 电压或 4～20 mA 电流，将其送给变频器的模拟电压或电流输入端，控制变频器的输出频率。这种控制方式的硬件接线简单，但是可编程控制器的模拟量输出模块价格相当高。

（2）PLC 通过 485 通信接口控制变频器

这种控制方式的硬件接线简单，但需要增加通信用的接口模块。通信模块的价格较高，而且熟悉通信模块的使用方法和设计通信程序可能要花较多的时间。

（3）利用 PLC 开关量输入/输出模块控制变频器

PLC 的开关量输入/输出端一般可以与变频器的开关量输入/输出端直接相连。这种控制方式接线很简单，抗干扰能力强。本项目主要采用此方法控制。

PLC 控制接线图如图 3-20 所示。变频器控制回路接线图如图 3-21 所示，变频器启动运行靠 PLC 的 Y0 控制，频率检测的上限、下限信号分别通过变频器的输出端子 FU、OL 输出至 PLC 的 X4、X5 输入端。PLC 的 X3 输入端为手动或自动切换信号输入，变频器 RT 输入端为手动或自动切换调整时，PID 控制是否有效，由 PLC 的输出端 Y1 供给信号。故障输出连接于 PLC 的 X2 与 COM 端，当系统故障发生时，输出触点信号给 PLC，由 PLC 立即控制 Y0 断开，停止输出。PLC 的输入端 SB1 为启动按钮，SB2 为停止按钮，SA1 为手动或自动切换，由 SA2～SA7 手动控制变频、工频的启动和切换。在自动控制时由压力传感器发出信号（4～20 mA）和被控制信号（给定信号，变频器 2 端，也可用 0～10 V 信号发生器供给）进行比较（压力传感器接线时要注意红线接电源，黑线接变频器），通过 PID 调节输出一个频率可变的信号来改变供水量的大小，从而改变了压力的高低，实现了恒压供水控制。

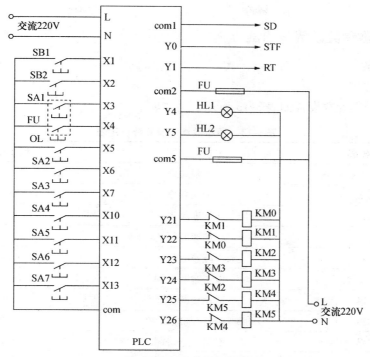

图3-20　PLC控制接线图

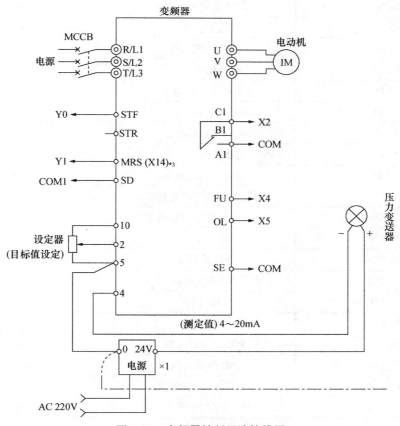

图3-21　变频器控制回路接线图

3.4.2　变频器参数设置与调试

1. 系统参数

（1）参数设置

恒压供水控制参数设置如表 3-13 所示。

表 3-13　恒压供水控制参数设定表

参数代码	功　能	设定数据
Pr. 1	上限频率	50 Hz
Pr. 2	下限频率	0 Hz
Pr. 3	基准频率	50 Hz
Pr. 7	加速时间	3 s
Pr. 8	减速时间	3 s
Pr. 9	电子过流保护	14.3 A
Pr. 14	适用负荷选择	0
Pr. 20	加减速基准频率	50 Hz
Pr. 42	输出频率检测	10 Hz
Pr. 50	第二输出频率检测	50 Hz
Pr. 73	模拟量输入选择	1
Pr. 77	参数写入选择	0
Pr. 78	逆转防止选择	1
Pr. 79	运行模式选择	2
Pr. 80	电动机（容量）	7.5 kW
Pr. 81	电动机（极数）	2 极
Pr. 82	电动机励磁电流	13 A
Pr. 83	电动机额定电压	380 V
Pr. 84	电动机额定频率	50 Hz
Pr. 125	端子 2 的设定增益频率	50 Hz
Pr. 126	端子 4 的设定增益频率	50 Hz
Pr. 128	PID 动作选择	20
Pr. 129	PID 比例带	100%
Pr. 130	PID 积分时间	10 s
Pr. 131	PID 上限	96%
Pr. 132	PID 下限	10%
Pr. 133	PID 动作目标值	20%
Pr. 134	PID 微分时间	2 s
Pr. 178	STF 端子功能和选择	60
Pr. 179	STR 端子功能的选择	61

续表

参数代码	功　　能	设定数据
Pr. 183	RT 端子功能的选择	14
Pr. 192	IPF 端子功能的选择	16
Pr. 193	OL 端子功能的选择	4
Pr. 194	FU 端子功能的选择	5
Pr. 195	ABC1 端子功能的选择	99
Pr. 267	端子 4 的输入选择	0
Pr. 858	端子 4 的功能分配	0

（2）部分参数含义详解

① Pr. 42（输出频率检测）

此参数为设定输出频率的动作（检测）值。当输出频率超过设定动作值时，由端子 OL 输出 ON 信号。此参数的设定与 Pr. 193 对应，为下限标志频率。设定范围 0～400 Hz。

② Pr. 50（第二输出频率检测）

此参数为设定输出频率的动作（检测）值。当输出频率超过设定动作值时，由端子 FU 输出 ON 信号。此参数的设定与 Pr. 194 对应，为上限标志频率。设定范围 0～400 Hz。

③ Pr. 193（OL 端子功能的选择）

此参数为 OL 端子功能的选择，本次变频器所设定的值为 4，是输出频率检测功能。当检测到设定值时，输出为低电平；未检测到时，输出为高电平，相当于触点的接通与断开。有时 OL 也作为过负荷报警的输出监测。

④ Pr. 194（FU 端子功能的选择）

此参数为 FU 端子功能的选择，本次变频器所设定值为 5，是第二输出频率检测功能。当检测到设定值时，输出为低电平；当未检测到时，输出为高电平，相当于触点的接通与断开。有时 FU 也作为其他功能输出监测。

⑤ Pr. 195（ABC1 端子功能的选择）

此参数为 ABC1 继电器输出端子功能的选择，本次变频器的设定值为 99，作为变频器报警、异常输出时用。当变频器因保护功能动作时，输出停止的转换接点。故障时 B-C 间不导通（A-C 间导通），正常时 B-C 间导通（A-C 间不导通），ABC1 端子也可作为其他功能输出监测。

2. 调试

在运行试验时：

（1）如果反应过慢，则说明 P 设定过小或 I 设定过大，应加大 P 或减小 I；

（2）如果发生振荡，则说明 P 设定过大或 I 设定过小，应减小 P 或加大 I。

思考与练习

分析设计题

1. 在图 3-22 的风机变频调速中，如何通过端子设定 MM440 变频器的 PID 值？

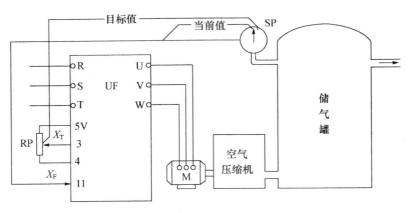

图 3-22　题 1 图

2. 试述变频器的选用原则。

3. 比较恒压供水系统中供水压力 X_f 与给定压力 X_t 的偏差信号 ΔX，分析用水量与水泵转速的变化情况。

4. 设计风机变频调速的控制电路，并按要求选择控制电路各种低压电器的型号。

5. 某一拖三恒压供水系统，水泵电动机数据如下：额定电压 380 kV；额定功率 3.0 kW；额定转速 960 r/min；额定电流 7.2 A；额定频率 50 Hz。压力变送器输出 4～20 mA，在端子 2 给定压力值，恒压采用 PI 调节，当变频泵工作于 50 Hz 时进行泵切换。使用的是西门子 MM440 变频器，试设置相关参数。

6. 分析与工频切换电路中继电器控制电路的工作过程（如图 3-23 所示）。

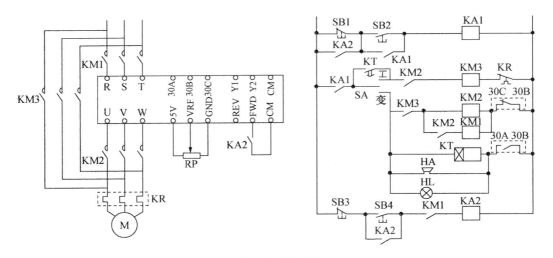

图 3-23　题 6 图

项目四 卧式螺旋离心机的控制系统

　　本项目通过完成卧式螺旋离心机的双变频驱动，介绍现代工业生产中应用日益广泛的多台电动机的交流调速系统。它要求多台电动机之间按照一定的控制规律快速而协调地运行，多台电动机控制系统性能的好坏直接影响生产能否正常进行和产品质量能否符合要求。为此，对多台电动机的交流调速系统进行研究具有重要意义。本项目通过共母线双电动机双变频器驱动，即主、副电动机各用一台普通变频器驱动，其直流母线用适当的方式并接，较好地解决了这个问题。

 知识目标

　　（1）了解多传动变频器的控制规律，熟悉变频能量的回馈过程；
　　（2）掌握卧式螺旋离心机双变频的基本组成及工作原理；
　　（3）掌握共母线方式的基本构建；
　　（4）掌握通信的概念。

 技能目标

　　（1）能对多传动变频器进行简单接线，设定参数与调试；
　　（2）能熟练掌握 A700 变频器的共直流母线方式一和方式二；
　　（3）能进行变频器速度设定通信控制；
　　（4）能判断变频器常见故障。

 职业素养目标

　　树立多传动概念，掌握多传动对变频器提出的一些高新技术问题的解决思路。

4.1　项目背景及控制要求

4.1.1　项目背景

　　卧式螺旋离心机广泛用于化工、食品、环保、轻工、采矿等工业部门，如聚氯乙烯、低压聚乙烯、聚丙烯、淀粉、碳酸钙、尾煤分离、动植物油脂净化、工业污水和城市生活污水的处理等。

　　卧式螺旋离心机通常由两部分组成：一部分是转鼓；另一部分是螺旋输送器。螺旋在转鼓里面，且两者同轴，转鼓与螺旋之间有 2 mm 的间隙。当浆液由供料端进入转鼓中，泥浆液随同转鼓旋转，这时固体颗粒在离心力的作用下便沉降到转鼓壁上，在螺旋输送器的作用下，将沉降到转鼓壁上的固体颗粒排出，这样就实现了固—液相的分离。螺旋输送器、转鼓的转速差与转鼓转速之比称为转差率，该转差率很小，并且在实际应用中根据泥浆情况，应能调节转差率，以便达到更好的分离效果。调整转差率的方法有两种，国内主要采用行星差速器，其缺点是要调整转差率只能更换不同齿数的齿轮，因此，调节转差率麻烦，且为有级调速；另一种是改变液压电动机的转速连续调节转差率，缺点是液压电动机还要配备储油箱、油泵及驱动油泵电机，结构复杂、成本高、密封不好、容易漏油。通过变频改造就可以克服以上两种方法的缺陷，实现无级调速，且能自动控制。

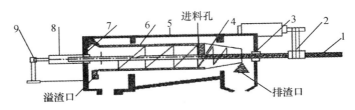

图 4-1　卧式离心机示意图

1—进料管；2—三角胶带轮；3—右轴承；4—螺旋输送器；5—机壳；
6—转鼓；7—左轴承；8—行星差速器；9—过载保护装置

4.1.2　控制要求

卧式螺旋离心机的配置为 VF1 为 22 kW，VF2 为 5.5 kW，电动机均为 2 极，现提出如下要求。

（1）VF1 运行速度为 2 450 r/min，VF2 运行速度为 2 400 r/min，速差为 50 r/min，保证启动与停止过程中都保持恒定速度。

（2）在正常运行过程中，VF1 处于电动状态，VF2 处于发电传动状态，但是 VF2 不能采用能耗制动。

（3）VF2 具备转矩控制功能，能处理突发事件造成的转鼓内物料的堆积。

（4）同时，设计另外一种能够用上位机的 RS485 串口进行控制的硬件系统，并进行参数设置。

4.2　知识链接：多传动变频的组成与通信

4.2.1　共用直流母线方式的回馈制动

对于频繁启动、制动，或是四象限运行的电动机而言，如何处理制动过程不仅影响系统的动态响应，而且还有经济效益的问题。于是，回馈制动成为人们讨论的焦点。然而在目前大部分的通用变频器还不能通过单独的一台变频器来实现再生能量，那么如何用最简单的办法来实现回馈制动呢？为解决以上问题，这里介绍一种共用直流母线方式的再生能量回馈系统。通过这种方式，可以将制动产生的再生能量进行充分利用，从而起到既节约电能又处理再生电能的功效。

1. 工作原理

我们知道，通常意义上的异步电动机多传动包括整流桥、直流母线供电回路、若干个逆变器，其中电动机需要的能量是以直流方式通过 PM 逆变器输出的。在多传动方式下，制动时感生能量就反馈到直流回路。通过直流回路，这部分反馈能量就可以消耗在其他处于电动状态的电动机上，当制动要求特别高时，只需要在共用母线上并上一个共用制动单元即可。

图 4-2 所示的接线是典型的共用直流母线的回馈制动方式。其中，M1 处于电动状态，M2 处于发电状态，三相交流电源 380V 接到 VFl 上。

处于电动状态的电动机 M1 上的变频器 VF1、VF2 通过共用直流母线方式与 VFl 的母线相连。在此种方式下，VF2 仅作为逆变器使用。当 M2 处于电动状态时，所需能量由交流电网通过 VF1 的整流桥获得；当 M2 处于发电状态时，反馈能量通过直流母线由 M2 的电动状态消耗。

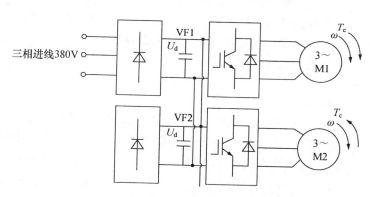

图 4-2 共用直流母线的回馈制动方式

2. 应用范围

共用直流母线的制动方式可典型应用于造纸机械、印刷机械、离心分离机以及系统驱动等。在这些应用中，有一个共同的特点，即处于发电状态的 M2 的容量远远小于处于电动状态的 M1 的容量，而且当 M1 的电动状态停止（即变频器 VF1 待机）时，M2 的发电状态随即转为电动状态。这样，直流母线电压就不会快速升高，系统始终处于比较稳定的状态。

这里以离心机为例进行应用说明。过滤式螺旋卸料离心机在全速下连续进料、连续卸料，自动完成进料、分离、洗涤、卸料等工序。离心机的核心是过滤型转鼓，利用主机和副机的差转速来控制卸料速度，并实现无人安全操作。在处理过程中，主机始终处于电动状态，而副机则由于转速差的作用，基本上处于发电状态。主机和副机功率通常为 222 kW和 5.5 kW、30 kW 和 7.5 kW、45 kW 和 11 kW 等 4∶1 匹配，符合本节阐述的工作方式。考虑到副机供电也是由主机变频器的整流桥提供的，因此必须考虑 VF1 的整流桥的额定电流（不同的变频器厂商其整流桥规格不一样），以此来决定 VF1 的选型（VF2 的选型必须考虑到能够屏蔽输入缺相功能的变频器）。应用本制动方式后，不仅离心机的效率提高，而且其节能效果好，运行平稳，维护简单。

3. 制动特点

采用共用直流母线的制动方式，具有以下显著的特点。

（1）共用直流母线和共用制动单元，可以大大减少整流器和制动单元的重复配置，结构简单合理，经济可靠。

（2）共用直流母线的中间直流电压恒定，电容并联储能容量大。

（3）各电动机工作在不同状态下，能量回馈互补，优化了系统的动态特性。

（4）提高系统功率因数，降低电网谐波电流，提高系统用电效率。

4.2.2 变频器回馈制动的原理

应用变频器的主要因素是为了节能，因此寻找一种可以使变频驱动电动机的损耗最小而效率最高，并使生产机械储存的能量及时高效地回馈到电网的策略是关键问题。而此方法是提高效率的两个重要途径。第一个环节是通过变频调速技术及其优化控制技术实现"按需供能"，即在满足生产机械速度、转矩和动态响应要求的前提下，尽量减少变频装置的输入能量；第二个环节将由生产机械中储存的动能或势能转换而来的电能及时、高效地"回收"到电网，即通过有源逆变装置将再生能量回馈到交流电网，一方面节能降耗，另一方面可实现电动机的精密制动，提高电动机的动态性能。这里讨论的就是变频调速系统节能控制的第二个环节——变频调速能量回馈控制技术。在能源、资源日趋紧张的今天，这项研究无疑具有十分重要的现实意义。

1. 双 PWM 形式

（1）PWM 回馈原理

双 PWM 控制技术打破了过去变频器的统一结构，采用 PWM 整流器和 PWM 逆变器提高了系统功率因数，并且实现了电动机的四象限运行，这给变频器技术增添了新的生机，形成了高质量能量回馈技术的最新发展动态。图 4-3 所示为采用 PWM 整流的电压型变频器的系统构成图，它的主回路是普通的三相桥式电路，在电源输入侧接有滤波电感，以便使输入电流为正弦形。主回路采用直流电压、输入电流双闭环控制。电流控制常采用追踪方式 PWM，直流电压的控制采用比例积分 PI 控制。通过追踪式 PWM 技术，使用具有滞环比较器，使得实际电流锯齿状地追踪设定电流的变化。设定电流的波形是电源电压波形，为正弦形，其相位和电源电压同相位，同时相位也可以视需要而调整。设定电流的大小由直流电压调节器决定，直流电压调节器的输入为直流电压的误差信号，即直流电压的设定值和检测值之差。采用 PI 控制可以实现直流电压的无静差。

（2）双 PWM 回馈形式一

Vacon 公司的 CXR 系列变频器就采用双 PWM 的结构，能广泛应用于离心分离机、倾倒装置、起重机、重载传送装置等需要四象限运行的场合。

Vacon CXR 是专为需要连续制动的场合而开发的。CXR 产生的再生能量是无谐波的，可以被回馈给电源，它可以有效地补偿电源的功率因数。Vacon CXR 由两个同样（尺寸）的单元 CXI 组成，其中一个连接到电动机，另一个通过滤波器连接到电源。Vacon CXI 是一种以 CX 为基础的直流供电的 PWM 逆变器，它不包含整流桥；滤波器由 LCL 形成；两个 CXI 单元的直流回路相连。控制电动机的单元与 Vacon CX 相同，具有相同的控制面板、I/O 连接和电动机控制。

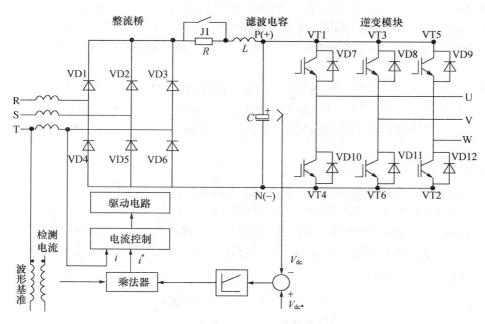

图 4-3　双 PWM 控制的变频器构成图

（3）双 PWM 回馈形式二

为了解决电动机处于再生发电状态产生的再生能量，ABB、西门子公司已经推出了电动机四象限运行的双 PWM 型电压源交—直—交变频器。图 4-4 所示为 ABB 公司的 ACS611 系列四象限变频器示意图。

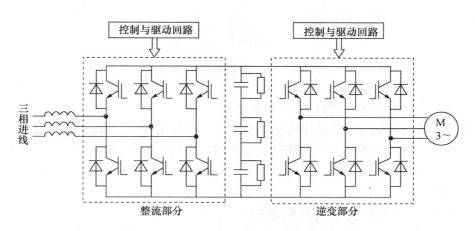

图 4-4　ACS611 系列四象限变频器示意图

2. 能量回馈单元

能量回馈单元的作用，就是取代原有的能耗电阻式制动单元，消除发热源，改善现场电气环境，可减小高温对控制系统等部件的不良影响，延长生产设备的使用寿命。同时，由于能量回馈单元能有效地将变频器电容中储存的电能回送给交流电网，供周边其他用电设备使用，因而可节约生产用电，一般节电率可达 20%～40% 左右。

能量回馈单元已经有非常成熟的产品，如安川公司的 VS-656RC5、日本富士公司的 RHR 系列和 FRENIC 系列电源再生单元。它把有源逆变单元从变频器中分离出来，直接作为变频器的一个外围装置，可并联到变频器的直流侧，将再生能量回馈到电网中。

能量回馈单元是带有再生功能和制动功能的能量回馈单元，与变频器配合使用，可以发挥出超群的节能效果。与制动电阻单元相比，VS-656RC5 不仅节省空间，而且其制动效果更加明显。VS-656RC5 的典型应用是在起重机、升降机、电梯、离心机、卷绕机等大功率反馈负荷上。

能量反馈单元具有如下特点。

（1）降低运行成本，包括减少电能损耗、提高功率因数、改善电网运行质量等。

（2）提高制动能力。如果以传统的标准制动电阻器与变频器组合，制动力矩大约为120%，额定力矩/10 s，10% ED；而 VS-656RC5 与变频器组合，制动转矩则提高到150%额定转矩/30 s 或100% 额定转矩/1 min（25% ED）或80% 额定转矩/连续再生。能量回馈单元的接线如图 4-5 所示。

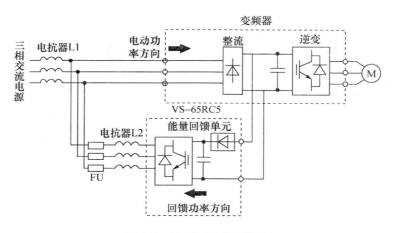

图 4-5　能量回馈单元接线

在图 4-5 中，电抗器 L1 的作用是协调电源，而电抗器 L2 的作用则是抑制电流。当电动机处于电动状态时，电动功率方向是从三相电源经变频器的整流桥流出的；当电动机处于发电状态时，发电功率方向则是从变频器的中间回路经能量回馈单元流向三相电源的。

4.2.3　卧式螺旋离心机电气控制结构

1. 结构概述

卧式螺旋离心机用双电动机驱动，如图 4-2 所示。早在 20 世纪 60 年代，卧式螺旋离心机已应用于实验室。判断主、副电动机工作状态的方法是：与主动件相连的电动机处于电动机工作状态，与从动件相连的电动机处于发电动机状态。

因此，卧式螺旋离心机中主电动机处于电动机状态，副电动机处于发电动机状态。但这种传动方式几十年来没有在工业上获得广泛应用，究其原因，关键在于副电动机再生的电能在当初的技术条件下不能合理利用。

　　一种方法是用普通变频器驱动副电动机，再生能量以热能的形式消耗在制动电阻上。另一种方法是使用带有能量回馈单元的专用变频器驱动，可将再生的电能回送到交流电网，如富士公司的 RHR 系列能量回馈装置、ABB 公司的 ACS611/811 系列变频器，但价格贵，只在少数场合获得应用（如轧钢、矿山）。

　　随着电力电子技术的快速发展，近年来变频器的性能价格比大大提高，共母线双电动机双变频器驱动在卧式螺旋离心机上广泛应用，即主、副电动机各用一台普通变频器驱动，其直流母线用适当的方式并接，较好地解决了这个问题，在能源日益紧缺的今天，有特别重要的意义。卧式螺旋离心机变频控制如图 4-6 所示。

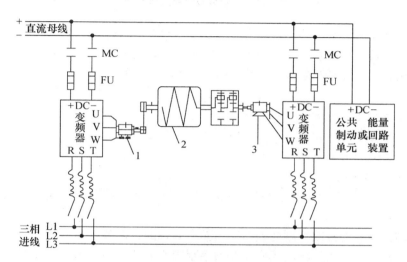

图 4-6　卧式螺旋离心机变频控制
1—主电动机；2—离心机；3—副电动机

2. 工作过程

　　电动机处于再生制动状态的基本特征是：同步转速（$n > no$），并且两者方向相同。工作点沿着机械特性曲线从第 1 象限向第 2 象限移动，这时，电动机产生的电磁力矩的方向和转子转向相反。在图 4-7 中，A 点对应的电磁力矩即是制动力矩，用来使离心机螺旋产生足够的推料力矩，其大小是螺旋推料力矩的 i 分之一（i 是差速器速比）。

　　电磁转矩只和主磁通 Φ_M 与转子电流有功分量 $I_2\cos\varphi_2$ 的乘积成正比，即

$$T_M = K_T \Phi_M B I_2 \cos\varphi_2 \tag{4-1}$$

　　回馈到电网的定子电流有功分量经图 4-6 中所示的 VD1、VD2 全波整流，加到直流母线上。由于主、副变频器的母线并接，该能量就被主电动机利用，使母线电压 U_d 维持在 610 V 以内。共母线双电动机双变频节能即建立在此基础上。

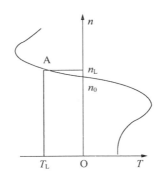

图 4-7 离心机的机械特性曲线

3. 差转速的调节

由于螺旋担负着将沉积在转鼓内壁的干泥推出转鼓的使命，因此，差转速的快慢直接影响到离心机的产量和分离效果。差转速按式（4-2）计算。

$$\Delta n = (n_{鼓} - n_{臂}) / i \tag{4-2}$$

式中，Δn——差转速，r/min；

$n_{鼓}$——转鼓转速，r/min；

$n_{臂}$——差速器小轴转速，r/min；

i——差速器速比。

由式（4-2）可以看出，由于转鼓转速和差速器速比一般固定不变，因此，调节转臂转速即可调节差转速。

差转速的调节是通过改变副变频器输出频率实现的，调节过程如下。

若要减小差速，则增加输出频率。在频率刚刚增加的瞬间，由于机械惯性的原因，转速不可能突变，但机械特性已由曲线①变为曲线②，如图 4-8（a）所示，工作点由 A 点跳到 B 点。由于 B 点制动转矩小于 A 点，故电动机加速，工作点沿着曲线②向左移动，在 C 点，力矩重新达到平衡，电动机稳定运行在升高的转速上。图 4-8（a）中有阴影的区域是过渡过程，增加差速的过程如图 4-8（b）所示。

在图 4-8 中不难看出，当调速范围较大时，副电动机短期将运行于电动机状态。

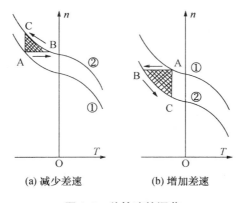

(a) 减少差速   (b) 增加差速

图 4-8 差转速的调节

4.2.4　离心机双变频系统的模型

图 4-9 所示为离心机双变频共直流母线方式的配置方案。在共直流母线中，整流器前端回路可以有不同的组成方式，预充电回路的控制方案也有差异，两者通过直流熔丝与直流电解电容两端连接，因此是共直流母线方式中最不可忽略的关键因素。

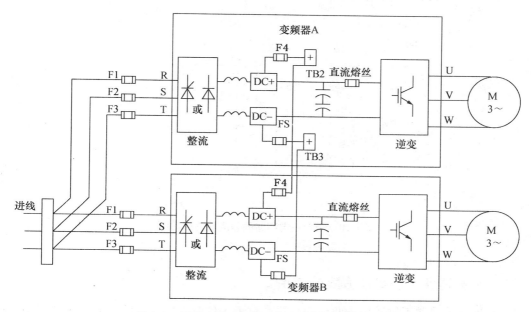

图 4-9　两台交流变频器共直流母线方式配置方案

交流变频器的整流回路可以是二极管，也可以是晶闸管，如图 4-10 所示。在二极管整流器前端回路中，预充电方式有两种：既可以串接在电容组上，如图 4-10（a）所示；也可以串接在母线上，如图 4-10（b）所示。而在晶闸管整流前端回路中，其预充电是在一定的时间中通过逐步改变晶闸管的触发角（从 180° 到 0°）来实现的，如图 4-10（c）所示。

因此，当不同类型的交流变频器通过共直流母线互相连接到一起的时候，由于预充电控制的不协调性和整流回路的配置不同，将会大大降低系统的可靠性。而且在变频器预充电、电动机电动或电动机发电状态时，不同变频器之间还有相互反作用。

基于上述因素，要为交流变频器共直流母线方案制订一个统一的通用指导方案将会变得十分困难，而去分析和研究在不同运行模式下可能产生的电流等级将变得十分有必要。只有模型分析产生了数据之后，才能针对不同的共母线方案选择合适的部件、合适的母线连接方式，否则将会面临整个系统不稳定因素的干扰以及交流变频器的损坏等现象。

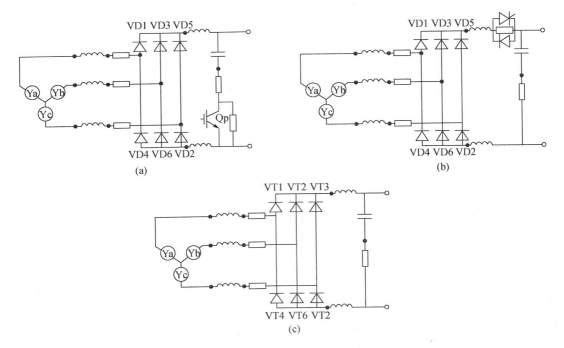

图 4-10　带预充电回路的整流器前端模型

4.2.5　变频器共直流母线方案的应用

　　共直流母线并联不仅适用于两台变频器，对于 3 台或 3 台以上的并联方式也可由之引申。共直流母线方式是交流变频器在现代工业中非常受欢迎的一种应用方案，它具有节约成本、节省安装空间和更高的运行可靠性等优点。但是，由于交流变频器整流部分的多样性导致并联的先天性不足，故无论是在预充电状态还是在电动机处于电动和发电状态时，变频器的整流部分都有可能不能很好地分配电流。这将导致在并联方式下，不同变频器之间会增加额外的环路电流。因此，在不同的交流变频器被连接到一起之前，对系统必须做一个精确的分析，以确保系统在不同方式下的安全和可靠性。

　　对于通用变频器而言，采用共用直流母线很重要的一点就是在上电时必须充分考虑变频器的控制、传动故障、负荷特性和输入主回路保护等。图 4-11 所示为其中一种应用比较广泛的方案。该方案包括三相进线（保持同一相位）、直流母线、通用变频器组、公共制动单元或能量回馈装置和一些附属元件。

　　该方案有以下特点。

　　（1）使用一个完整的变频器，而不是单纯使用传统意义上的整流桥加多个逆变器方案；

　　（2）不需要有分离的整流桥、充电单元、电容组和逆变器；

　　（3）每一个变频器都可以单独从直流母线中分离出来而不影响其他系统；

　　（4）通过联锁接触器来控制变频器的 DC 到共用母线的联络；

　　（5）用快熔来保护挂在直流母线上的变频器的电容单元；

　　（6）所有挂在母线上的变频器必须使用同一个三相电源。

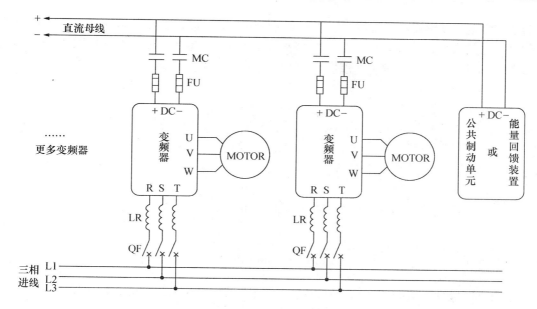

图 4-11 通用变频器共直流母线方案

4.2.6 双电动机离心机变频器的两种连接方法

1. 单路供电法

如图 4-12 所示，交流电网接到主变频器的 R，S，T 端，两变频器的直流母线直接并联。由于副电动机需要的无功励磁电流和副电动机偶尔作为电动机运行（如启动阶段和加减速过渡过程）时的有功电流都要由主变频器提供，因此，选取主变频器的功率时应予以考虑。

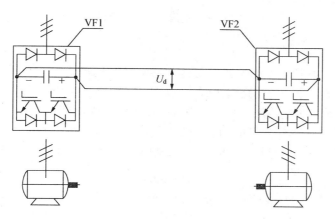

图 4-12 单路供电法

该设计方案的优点是电路简单，不需要调试，动作可靠性极高；缺点是成本稍高。另外，由于副变频器的 R，S，T 端悬空，副变频器应有"输入缺相保护禁止"功能。

2. 双路供电法

两变频器的 R，S，T 端都接到交流电网，如图 4-13 所示，变频器用快熔保护。快熔型号可选 RSO/RS3 型，额定电流为整流管额定电流的 1.4 倍，分断能力可选 50 kA 或

100 kA。变频器母线应设置直流接触器并参与故障连锁，以保证在两台变频器完成充电后可以进行母线连接，或在任何一台变频器故障后将 MC2 断开。控制逻辑如图 4-14 所示。MC2 的电压选 660 VDC，额定电流应该为 VF2 额定电流的 1.5 倍。

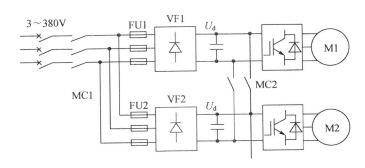

图 4-13　双路供电法

双路供电设计方案的优点是变频器功率可自由选配，和单路供电法相比成本低；缺点是增加了接触器和快熔，降低了系统性。

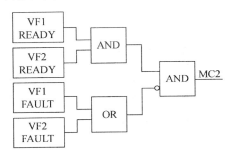

图 4-14　双路供电法的逻辑

3. 节能效果

副电动机处于发电状态的必要条件是建立主磁场，只有这样才能在绕组中感应工作电势，并在 $n > n_0$ 的条件下，向网路输送有功电流。但是，副电动机本身并不产生建立磁场所需要的励磁无功电流，但它将继续从变频器吸收作为电动状态时同样的空载励磁电流。

异步电动机由电动机转为发电动机时，只是电流的有功分量发生了方向变化，而无功分量的电流却是不变的。回馈到电网的是产生制动力矩的有功电流，功率为：

$$P = 9\,550T/n \tag{4-3}$$

式（4-3）中，P——回馈到电网的有功功率，kW；

　　　　　　T——制动力矩，N·m；

　　　　　　n——副电动机转速，r/min。

4.2.7　变频器的串口通信

变频器被广泛应用于工业控制现场的交流传动之中。通常，变频器控制既可由操作面板来完成，也可通过输入外部的控制信号来实现。而在目前的实际应用中，变频器与控制器之间更趋于通过现场实时总线通信的方式来实现数据的交互，上位机可以通过 RS232/

485 或现场总线实现通信，如图 4-15 所示。因此，变频器的通信设计通常从两个层面上去考虑，即通用的 RS232/485 通信和现场总线通信。尽管现场总线和 RS232/485 在物理接口上存在类似的概念，但本质上是有区别的。RS232 的设计仅适用于相距不远的两台机器之间的通信，而且一台机器的 Tx 线应连接到另一台机器的 Rx 线；反之一台机器的 Rx 线应连接到另一台机器的 Tx 线。RS485 是为多台机器之间进行通信而设计的，有着很高的抗噪声能力，而且允许工作在超长距离的场合可达 1 000 m。一般变频器采用串行接口，由 RS485 双线连接，其设计标准适用于工业环境的应用对象。单一的 RS485 链路最多可以连接 30 台变频器，而且根据各变频器的地址或者采用广播信息都可以找到需要通信的变频器。链路中需要有一个主控制器（主站），而各个变频器则是从属的控制对象（从站）。

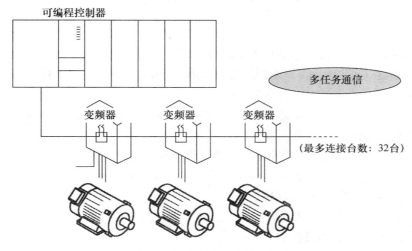

图 4-15　变频器的上位机控制

采用串行接口有以下优点：

（1）大大减少布线的数量；

（2）无须重新布线即可更改控制功能；

（3）可以通过串行接口设置和修改变频器的参数；

（4）可以连续对变频器的特性进行监测和控制。

1. 组网方式

一般情况下，变频器可以采取如图 4-16 所示的组网方式进行通信。图 4-16（a）为单主机多从机方式，图 4-16（b）为单主机单从机方式。主机可以选用个人计算机、可编程控制器、DCS，从机则指的是变频器。

2. 通信接口

多数变频器采用串行接口，接口方式为 RS485（如图 4-17 所示），且为异步半双工，但也有一些品牌的变频器有 PU 接口。串行接口采用 RS485 双线连接，其设计标准适用于工业环境的应用对象。单一的 RS485 链路最多可以连接 30 台变频器，而且根据各变频器的地址或者采用的广播信息都可以找到需要通信的变频器。链路中需要有一个主控制器主站，而各个变频器则是从属的控制对象。传输数据格式根据校验方式的不同可以分为无校验、奇校验和偶校验三种，其他则均为 1 位起始位、8 位数据位和 1 位停止位。波特率可以包括 300～38 400 bps 之间的一种。

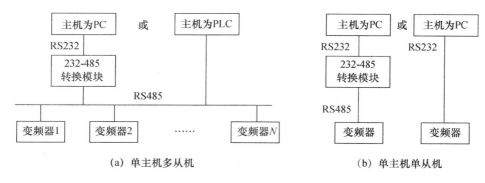

(a) 单主机多从机　　　　　　　　　　　(b) 单主机单从机

图 4-16　变频器网络通信组网方式

3. 功能定义

（1）监视从机运行状态。包括从机的运行参数：当前运行频率、输出电压、输出电流、无单位显示量（运行转速）、运行线速度、模拟闭环反馈、速度闭环反馈、外部计数值、输出转矩、供水变频器的压力反馈。

从机运行设定参数：当前设定频率、设定转速、设定线速度、模拟闭环设定、速度闭环设定、供水变频器的压力设定。

从机运行状态：I/O 状态、当前运行状态、供水变频器的外部端子状态、报警状态。

（2）控制从机运行。包括开机、停机、点动、故障复位、自由停车、紧急停车、设置当前运行频率给定、设置当前压力指令等。

（3）读取从机的功能码参数值。

（4）设置从机的功能码参数值。

（5）系统配置和查询命令。配置从机当前运行设置，查询从机设备系列类型，输入并验证用户密码。

4. 通信方式

采用通用的串行接口协议 USS，按照串行总线的主-从通信原理来确定访问的方法，总线上可以连接一个主站和最多 31 个从站，如图 4-17 所示。主站根据通信报文中的地址字符来选择要传输数据的从站。在主站没有要求它进行通信时，从站本身不能首先发送数据，各个从站之间也不能直接进行信息的传输。通信方式遵循以下原则。

（1）变频器为从机，采用主机"轮询"和从机"应答"的点对点通信方式。主机使用广播地址发送命令时，从机不允许应答。

（2）从机在最近一次对主机轮询的应答帧中上报当前故障信息。

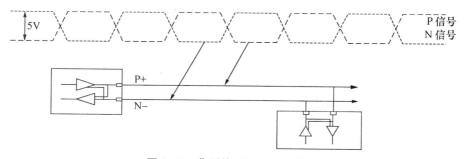

图 4-17　典型的 RS485 多站接口

4.3　变频器的故障

4.3.1　变频器常见故障

1. 过电流（OC）

（1）故障引起过电流

故障引起过电流主要有以下两种情况。

① 当重新启动时，一升速就跳闸，这是过电流十分严重的现象。主要原因有：负荷短路；机械部位有卡住；逆变模块损坏；电动机的转矩过小。

② 上电就跳闸，这种现象一般不能复位。主要原因有：模块坏、驱动电路坏。

（2）预置不当引起的过电流

表现为重新启动时并不立即跳闸而是在加速时跳闸。主要原因有：加速时间设置太短、电流上限设置太小、转矩补偿（V/F）设定较高。

（3）测量误差引起的"过电流"

电流检测电路坏，例如传感器损坏。

2. 过电压（OU）

过电压报警一般出现在停机的时候，其主要原因是减速时间太短或制动电阻及制动单元有问题，从而致使变频器在减速时，电动机转子绕组切割旋转磁场的速度加快，转子的电动势和电流增大，使电动机处于发电状态，回馈的能量通过逆变环节中与大功率开关管并联的二极管流向直流环节，使直流母线电压升高所致。

3. 欠电压（Uu）

主回路电压太低（220 V 系列低于 200 V，400 V 系列低于 380 V）；主要原因有：整流桥某一路损坏或可控硅三路中有工作不正常的都有可能导致欠压故障的出现；主回路接触器损坏，导致直流母线电压损耗在充电电阻上面有可能导致欠压；电压检测电路发生故障而出现欠压问题。

4. 过热（OH）

过热也是一种比较常见的故障，主要原因有：周围温度过高，风机堵转，温度传感器性能不良，电动机过热。

5. 输出不平衡

输出不平衡一般表现为电动机抖动、转速不稳，主要原因有：模块坏，驱动电路坏，电抗器坏等。

6. 过载

过载也是变频器跳动比较频繁的故障之一，平时看到过载现象首先应该分析一下到底是电动机过载还是变频器自身过载。一般来讲，电动机由于过载能力较强，只要变频器参数表的电动机参数设置得当，一般不大会出现电动机过载。而变频器本身由于过载能力较差很容易出现过载报警，此时可以检测变频器输出电压。

7. 开关电源损坏

开关电源损坏是众多变频器最常见的故障，通常是由于开关电源的负荷发生短路造成的。当发生无显示、控制端子无电压、DC12V 和 24V 风扇不运转等现象时首先应该考虑是否是开关电源损坏了。

8. 接地故障（GF）

接地故障也是平时会碰到的故障，在排除电动机接地存在问题的原因外，最可能发生故障的部分就是霍尔传感器了。霍尔传感器由于受温度、湿度等环境因数的影响，工作点很容易发生飘移，从而导致接地故障报警。

9. 限流运行

在平时运行中可能会碰到变频器提示电流极限。对于一般的变频器，在限流报警出现时不能正常平滑的工作，电压（频率）首先要降下来，直到电流下降到允许的范围，一旦电流低于允许值，电压（频率）会再次上升，从而导致系统的不稳定。

4.3.2 变频器模块测量

1. 整流电路测试

首先，打开变频器端盖，去掉所有端子外部引线。其次，检查 N、P、R1、T1、R、S、T、U、V、W 等端子之间的导通情况及电阻特性参数。把指针式万用表置于 ×10Ω 挡，改换表笔的正、负极性，根据读数即可判断模块的好坏。在不导通的情况下，读数大于十几千欧；导通时，读数为数欧或几十欧。

找到变频器内部直流电源的 P（Positive）端和 N（Negative）端，将万用表调到电阻 ×10 挡，如果红表棒接到 P 端，黑表棒分别接到 R、S、T 端，则应该有大约几十欧的阻值，且基本平衡。如果将黑表棒接到 P 端，红表棒依次接到 R、S、T 端，则有一个接近于无穷大的阻值。正常情况下，将红表棒接到 N 端，重复以上步骤，都会得到相同结果。如果有以下结果，则可以判定电路已出现异常：（1）阻值三相不平衡，可以说明整流桥故障；（2）红表棒接 P 端时，电阻无穷大，可以断定整流桥故障或启动电阻出现故障，如图 4-18 所示。

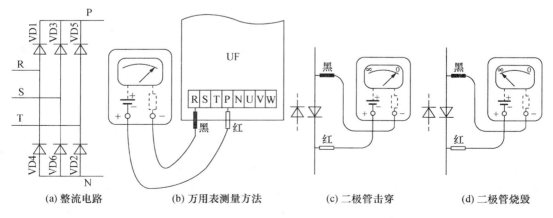

(a) 整流电路   (b) 万用表测量方法   (c) 二极管击穿   (d) 二极管烧毁

图 4-18 整流电路的粗测

2. 逆变电路测试

测试逆变电路过程为将红表棒接到 P 端，黑表棒依次接 U、V、W 端上，应该有几十欧的阻值，且各相阻值基本相同，反相应该为无穷大。一般情况，将黑表棒接到 N 端，重复以上步骤会得到相同结果；否则，可确定逆变模块故障。测试原理与方法和整流电流测试相同，逆变电路如图 4-19 所示。

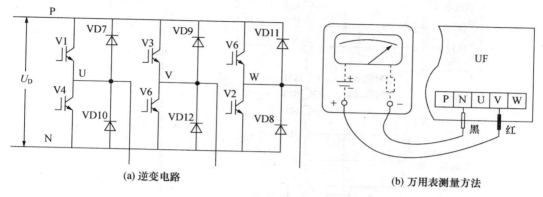

(a) 逆变电路　　　　　　　　　　　　　　(b) 万用表测量方法

图 4-19　逆变电路的测试

4.4　技能训练一：FR-A700 变频器的直流供电方式

4.4.1　FR-A700 变频器的直流供电模式一

当变频器所处供电电源为直流时，FR-A700 变频器也能工作，其中的一个直流供电模式如图 4-20 所示。从接线图中可以看出，交流电源连接端子 R/Ll、S/L2，T/L3 不连接外部电源，而是使用直流电源与 Rl/L11、S1/L21 或 P/＋、N/－连接，其中 R 与 R1，S 与 S1 之间的短接线必须拆除。

参数设置：Pr. 30 ＝10 或 Pr. 30 ＝11。

4.4.2　FR-A700 变频器的直流供电模式二

图 4-21 所示为直流供电模式二的外部连接图。在该线路中，变频器内部控制线路供电端子 R1/L11、Sl/L21 必须与 P/＋、N/－连接，且与三相进线的短接片必须拆除。同时，由于直流供电模式二采用的是交流与直流回路切换供电，故必须提供"供电运行许可信号"后，才能进行直流电源运行。

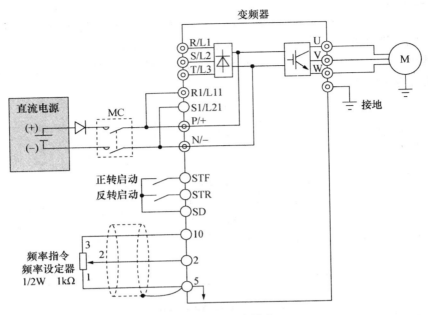

图 4-20   直流供电模式一

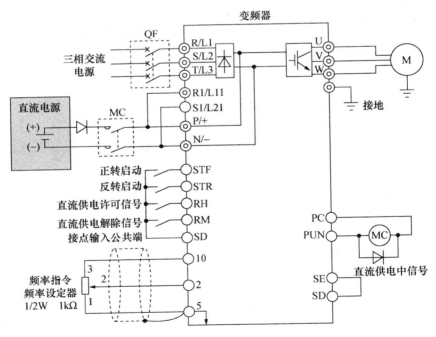

图 4-21   直流供电模式二

输入端子 RH、RM 和输出端子 RUN 等的设定如表 4-1 所示。

参数设置：Pr. 30 = 20 或 Pr. 30 = 21。

表 4-1　多功能输入、输出功能定义

信　号		名　称	内　容	参数设定
输入	X70	直流供电运行许可信号	当使用直流供电进行运行时，X70 信号为 ON。由于停电，变流器的输出被切断，使得 X70 信号由 OFF→ON，大约 150ms 后可以启动（瞬间停电再启动有效，并且经过了 Pr.57 设定时间后，开始启动）。在变频器运行过程中，X7 信号为 OFF 时，切断输出（Pr.261≠0）或减速停止（Pr.261≠0）	在 Pr.178—Pr.189 之间的任一个设定为 70
	X71	直流供电解除信号	当中止直流供电时，信号为 ON。X70 信号为 ON 时，变频器在运行过程中；当 X71 信号为 ON 时，切断输出（Pr.26I＝C）或减速停上（Pr.261≠0）；停止后，Y85 信号为 OFF。当 X71 信号为 ON 后，即使 X70 信号为 ON，也不能运行	在 Pr.178—Pr.189 之间的任一个设定为 71
输出	Y85	直流供电中信号	在交流电源停电过程中或电压不足时，该信号为 ON。当 X7I 信号为 ON 或恢复正常供电时，该信号 OFF。在变流器运行过程中，即使恢复了正常供电，Y85 信号也不为 OFF，变流器停止后为 OFF。因为电压不足，当 Y85 信号为 ON 时，即使在电压不足的情况解除，Y85 信号也不为 OFF。设置变频器时，保持 ON/OFF 状态	在 Pr.19—Pr.196 之间的任一个设定为 85（正逻辑）或 185（负逻辑）

4.5　技能训练二：变频器的通信

4.5.1　FR-A700 变频器的通信测试

1. 熟悉 FR-A700 变频器通信端子

FR-A700 变频器可以使用 PU 接口和 RS485 端子与计算机、PLC 等上位机进行通信。PU 接口用通信电缆连接个人计算机与 FA 等计算机，用户可以用客户端程序对变频器进行操作，监视及读出参数、写入参数。在三菱变频器协议（计算机连接运行）的情况下，可以通过 PU 接口和 RS485 端子进行通信。Modbus 通信方式采用主从方式的查询—响应机制，只有主站发出查询时，从站才能给出响应，从站不能主动发送数据。主站可以向某一个从站发出查询，也可以向所有从站广播信息；从站只响应单独发给它的查询，而不响应广播消息。Modbus 通信协议有两种传送方式：RTU 方式和 ASCII 方式。三菱 700 系列变频器能够从 RS-485 端子使用 Modbus RTU 通信协议，进行通信运行和参数设定。图 4-22 所示为通信端子。表 4-2 所示是 FR-A700 变频器支持的 RS485 通信项目与内容。

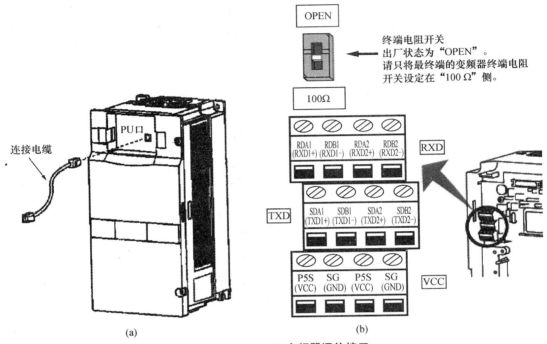

图 4-22　FR-A700 变频器通信接口

表 4-2　FR-A700 变频器支持的 RS485 通信项目与内容

项　　目		内　　容
通信协议		三菱协议（计算机链接）
参照规格		EIA485（RS485）
连接台数		1：N（最多 32 台），设定 0～31 站
通信速度	PU 接口	能够选择 4 800/9 600/19 200/38 400 bps
	RS485 端子	能够选择 300/600/1 200/2 400/4 800/9 600/19 200/38 400 bps
控制步骤		启止同步方式
通信方法		半双工方式
通信规格	字符方式	ASCII（能够选择 7 位/8 位）
	起始位	1 位
	停止位长	能够选择 1 位/2 位
	奇偶校验	能够选择有（偶数、奇数）、无
	错误校验	求和校验
	终端连接器	CR/LF（能够选择有无）
等待时间设定		能够选择有无

2. FR-A700 变频器 PU 口操作

变频器的 PU 口采用以太网线的 RJ45 插头相连接，因此可以使用两对导线连接，能将变频器的 SDA 与 PLC 通信板（FX2N-485-BD）的 RDA 连接，变频器的 SDB 与 PLC 通信板（FX2N-485-BD）的 SDB 连接，变频器的 RDA 与 PLC 通信板（FX2N-485-BD）的 SDA 连接，变频器的 RDB 与 PLC 通信板（FX2N-485-BD）的 RDB 连接，变频器的 SG 与 PLC 通信板（FX2N-485-BD）的 SG 连接。

三菱变频器 PU 端口如图 4-23 所示。

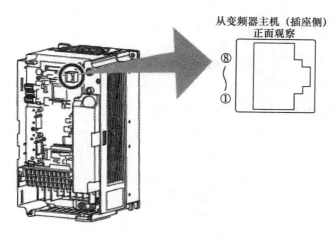

图 4-23　三菱变频器 PU 端口

PLC 和变频器之间进行通信，通信规格必须在变频器的初始化中设定，如果没有进行初始化设定或有一个错误的设定，数据将不能进行传输。而且每一次参数设定完之后，需要复位变频器（断电复位），否则将不能进行通信。表 4-3 所示为 FR-A700 变频器 PU 接口的相关参数设置情况案例。

表 4-3　FR-A700 变频器 PU 接口的相关参数设置情况案例

参 数 号	名　称	设 定 值	说　明
Pr. 117	站号	0	设定变频器站号为 0
Pr. 118	通信速率	96	设定波特率为 9 600 bps
Pr. 119	停止位长/数据位长	11	设定停止位 2 位，数据位 7 位
Pr. 120	奇偶校验有/无	2	设定为偶校验
Pr. 121	通信再试次数	9 999	即使发生通信错误，变频器也不停止
Pr. 122	通信校验时间间隔	9 999	通信校验终止
Pr. 123	等待时间设定	9 999	用通信数据设定
Pr. 124	CR. LF 有/无选择	0	选择无 CR. LF

3. 变频器 RS485 端子操作

FR-A700 变频器能通过 RS485 端子与上位机联系，其参数设置如表 4-4 所示。

表 4-4　RS48S 端子参数设置

参数号	名　　称	初始值	设定范围	内　　容
331	RS485 通信站号	0	0～31（0～247）	设定变频器站号
332	RS485 通信速率	96	3, 6, 12, 24, 46, 96, 192, 384	选择通信速率
333	RS485 通信停止位长	1	0, 1, 10, 11	选择停止位长、数据长
334	RS485 通信奇偶校验选择	2	0, 1, 2	选择奇偶校验规格
335	85485 通信再试次数	1	0～10, 9 999	设定发生数据接收错误后的再试次数允许值
336	RS485 通信校验时间间隔	0 s	0	可以进行 RS485 通信，切换到 NET 运行模式后，报警停止
			0.1～999.8 s	设定通信校验时间间隔
			9 999	不进行通信校验
337	RS485 通信等待时间设定	9 999	0～150 ms, 9 999	设定向变频器发送后直到返回的等待时间
341	RS485 通信 CR/LF 选择	0	0, 1, 2	选择有无 CR-LF
549	协议选择	1	0	三菱变频器（计算机链接）协议
			1	Modbus RIU 协议

4. 通信程序

采用 Modbus RTU 协议与变频器通信，部分参考 PLC 程序如图 4-24 所示。

程序说明如下。

（1）当 X1 接通一次后，变频器进入正转状态。

（2）当 X2 接通一次后，写入变频器运行频率 60 Hz。

（3）当 X3 接通一次后，变频器进入停止状态。

当指令中的变频器指令地址为 0 时，为广播指令，所有从站变频器只接受 PLC 发出的指令，而不向主机发送响应信息。

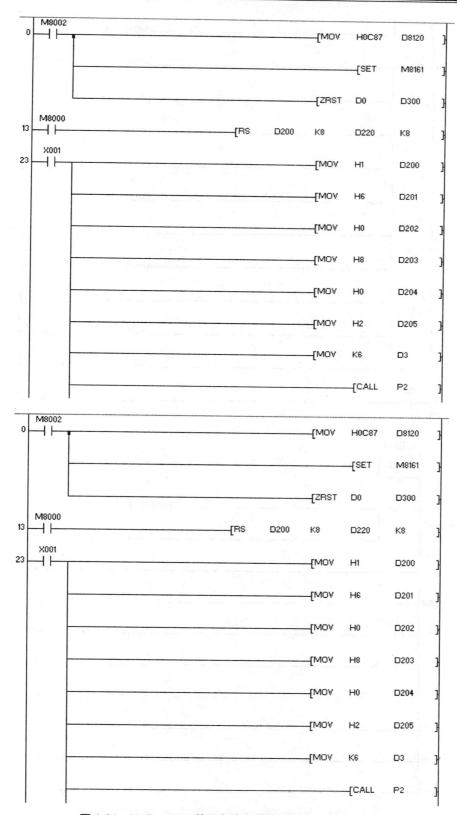

图 4-24　Modbus RTU 协议与变频器通信的部分 PLC 程序

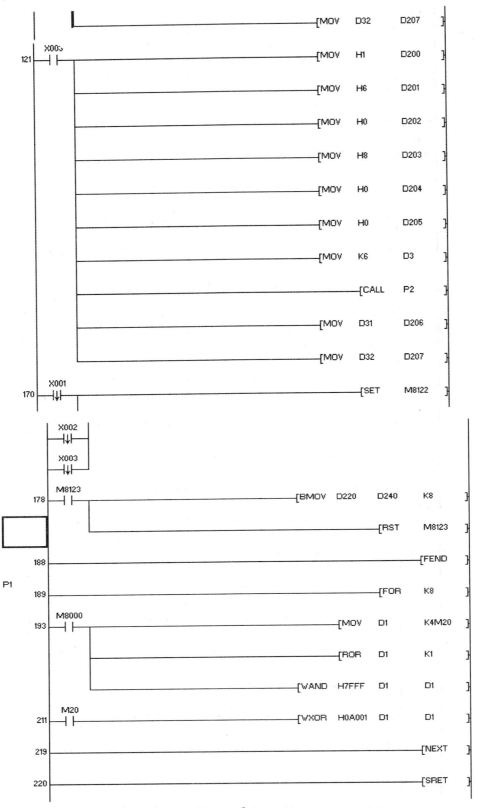

图 4-24（续）

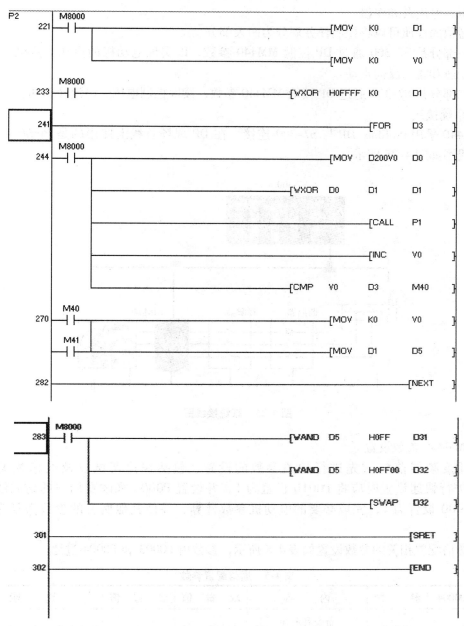

图 4-24（续）

4.5.2　MM440 变频器的通信

西门子 MM440 变频器通过 Profibus-DP 实现西门子 MM440 变频器与 PLC 的通信。

1. 项目目的

建立 S7-300 与 MM440 变频器的 Profibus-DP 通信，通过 PLC 对变频器进行操作，从而使变频器能够按预期目的对电动机进行控制。控制任务是 S7-300 通过 DP 通信口来操作 MM440，实现电动机的启动、停机、正转、反转、变速和正、反向点动，并读取电动机当前的电压、电流及频率值。

按通信的性质可以将控制任务划分为两大部分。

第一部分是 S7-300 通过 DP 控制 MM440 参数，以实现电动机的启动、停机、正转、反转、变速和正、反向点动。

第二部分是 S7-300 通过 DP 读取 MM440 参数，读取控制电压、电流及频率。

2. 系统接线

MM440 采用 Profibus-DP 与 S7-300 连接，在 DP 现场总线上使用的是 Profibus-DP 协议，接线图如图 4-25 所示。

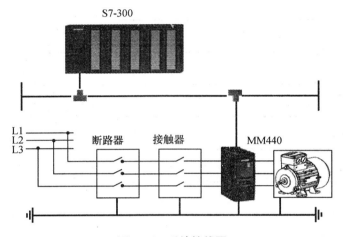

图 4-25　系统接线图

3. MM440 参数设置

使用变频器前应该先进行相关参数的设置，包括快速调试以及通信相关参数设置。进行快速设置时应将 P0010 设置为 1，并设置 P0003 来改变用户的访问级，最后将 P3900 设置为 1，完成必要的电动机参数计算，并使其他所有的参数恢复为工厂设置。

与通信配置相关的参数设置如表 4-5 所示，参数由 P0003 和 P0004 过滤。

表 4-5　通信配置参数

P0003/P0004	参　　数	内　　　容	缺　省　值	设　置　值	说　　　明
3/7	P0719	命令和频率 设定值的选择	0	0	命令和设定值都使用 BICO
2/20	P0918	Profibus 地址	3	4	地址值为 4
2/20	P0927	参数修改设置	15	15	使能 DP 接口更改参数

PLC 控制程序（略）。

4.6　项目解决方案

4.6.1　卧式螺旋离心机变频器的硬件设计

卧式螺旋离心机的变频器硬件接线如图 4-26 所示，它采用单回路供电法。其中由于主变频器需要承担 M1 和 M2 电动机的全部电流，因此，M1 电动机的变频器功率选型必须大于（22kW + 5.5kW），根据功率高选原则，确定为 30kW。变频器 VF2 采用直流供电模式一方式（见 4.4.1 节），无三相进线。

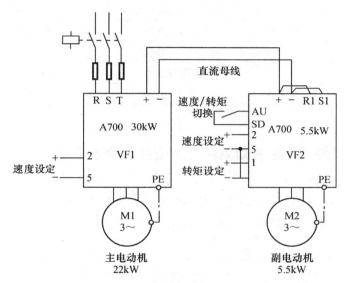

图 4-26　卧式螺旋离心机变频器硬件接线

4.6.2　卧式螺旋离心机变频器的参数设置

在卧式螺旋离心机变频器中，VF1 主变频器运行在开环矢量控制的速度控制模式上，而 VF2 副变频器运行在开环矢量的速度与转矩切换模式上。

1. VF1 主变频器参数设置

VF1 主变频器参数设置如表 4-6 所示。

表 4-6　VF1 主变频器参数设置

参数代码	功能简述	设定数据
Pr. 71	适用电动机	3（其他品牌标准电动机）
Pr. 73	模拟量选择	0（0～10V 信号，来自上位机）
Pr. 80	电动机容量	22kW（注意选电动机容量）
Pr. 81	电动机极数	2
Pr. 800	控制方法选择	10（无传感器矢量控制）

2. VF2 副变频器参数设置

VF2 副变频器参数设置如表 4-7 所示。

表 4-7 VF2 副变频器参数设置

参数代码	功能简述	设定数据
Pr. 30	再生功能选择	10（直流供电模式一）
Pr. 71	适用电动机	3（其他品牌标准电动机）
Pr. 73	模拟量选择	0（0~10V 信号）
Pr. 80	电动机容量	5.5kW（注意选电动机容量）
Pr. 81	电动机极数	2
Pr. 184	AU 端子功能选择	26（控制模式切换）
Pr. 800	控制方法选择	12（无传感器矢量控制—转矩切换）
Pr. 804	转矩指令权选择	0（模拟量 1 通道）
Pr. 807	速度限制选择	0（速度控制时速度指令值）
Pr. 868	端子 1 功能分配	3 或 4（转矩指令）

4.6.3 采用通信控制的卧式螺旋离心机硬件与参数设置

1. 变频器硬件设计

卧式螺旋离心机的通信采用 PLC（带 485 通信卡的 FX2N-485-BD）来进行，其硬件设计如图 4-27 所示，通信采用 Modbus RTU 协议。

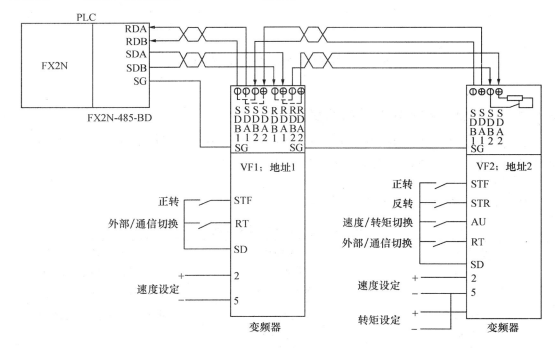

图 4-27 变频器通信硬件设计

2. 变频器参数设置

表 4-8 所示为 VF1（地址 1）变频器的参数设置，另外一台地址为 2，其他参数不变。当进行 Modbus RTU 协议通信时，Pr. 551 必须设置为 2，Pr. 340 设置为除 0 以外的值，Pr. 79 设置为 0，2 或 6。当通过 RS485 端子进行 Modbus RTU 协议通信时，可以在 NET 网络模式下运行，如图 4-28 所示，也可以通过 RT 等端子进行切

图 4-28　网络运行模式

换。当 PLC 与变频器之间进行通信时，通信规格必须在变频器中进行设定，每次参数初始化设定后，需复位变频器或通断变频器电源。

表 4-8　VF1 变频器参数设置

参数代码	功能简述	设定数据
Pr. 79	运行模式选择	2（固定为外部运行）
Pr. 183	RT 功能选择	66（外部—NET 运行的切换）
Pr. 331	通信站号	1（设定变频器站号为 1）
Pr. 332	通信速率	96（设定通信速度为 9 600 bps）
Pr. 333	停止位长	1（停止位长 1 位）
Pr. 334	奇偶校验	2（偶校验）
Pr. 340	通信启动模式选择	1（网络运行模式开始）
Pr. 539	通信校验时间	9 999（不进行通信校验）
Pr. 549	协议选择	1（Modbus RTU 议）
Pr. 551	PU 模式操作权选择	2（PU 运行模式操作权作为 PU 接口）

3. 三菱 PLC 的设置

对通信格式 D8120 进行设置：D8120 设置值为 0C87。即数据长度为 8 位，偶校验停止位 1 位，波特率 9 600 bps，无标题符和终结符。

修改 D8120 设置后，确保通断 PLC 电源一次。

4. 通信程序

以 VFO 变频器为例，采用 Modbus RTU 协议，PLC 与变频器通信部分 PLC 案例程序如图 4-29 所示。

图 4-29　PLC 与变频器的程序

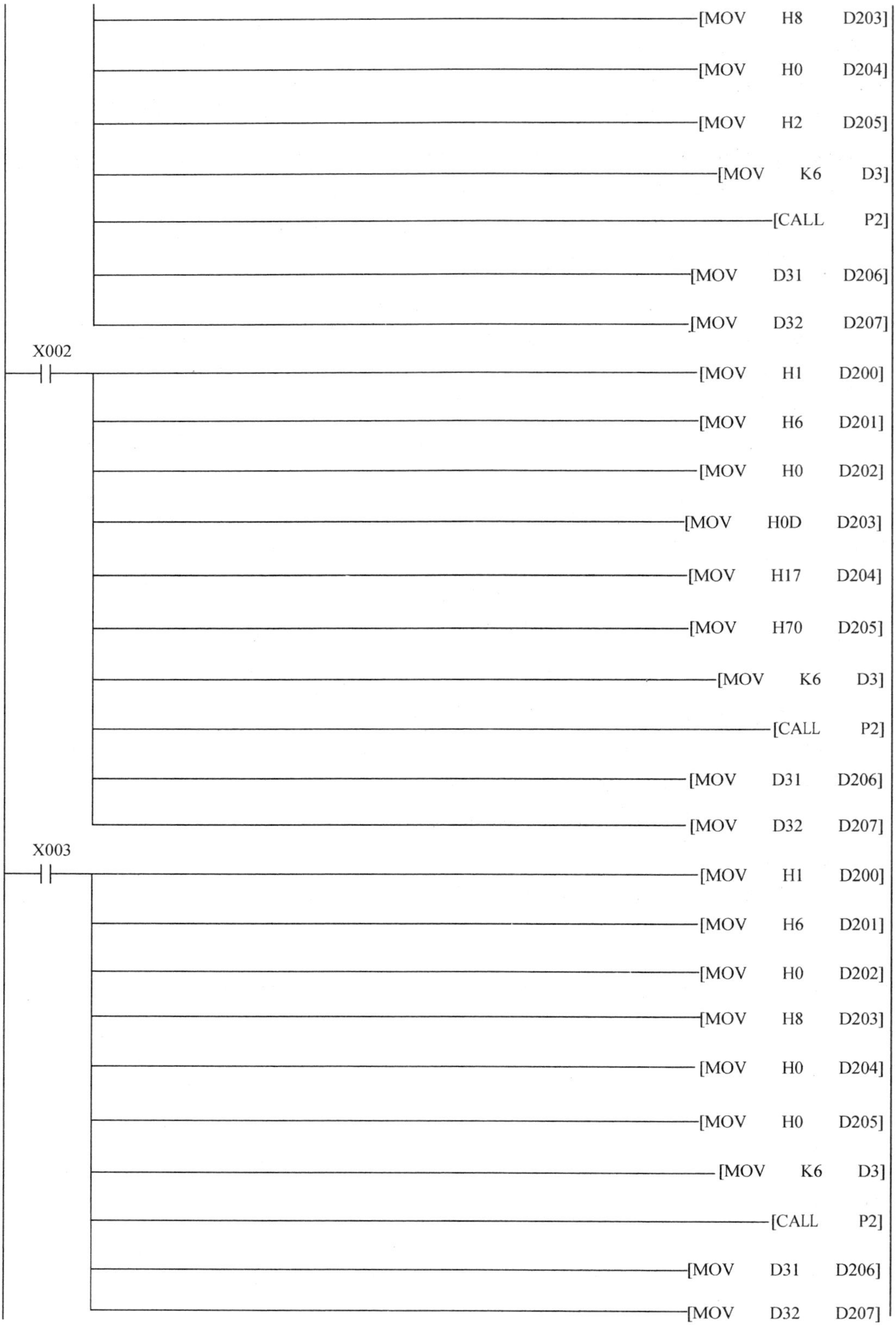

```
                                              ─────[MOV    H8     D203]
                                              ─────[MOV    H0     D204]
                                              ─────[MOV    H2     D205]
                                            ─────[MOV    K6     D3]
                                          ─────[CALL         P2]
                                       ─────[MOV    D31    D206]
                                       ─────[MOV    D32    D207]
     X002
   ──┤├──                               ─────[MOV    H1     D200]
                                        ─────[MOV    H6     D201]
                                        ─────[MOV    H0     D202]
                                       ─────[MOV    H0D    D203]
                                       ─────[MOV    H17    D204]
                                       ─────[MOV    H70    D205]
                                      ─────[MOV    K6     D3]
                                     ─────[CALL         P2]
                                       ─────[MOV    D31    D206]
                                       ─────[MOV    D32    D207]
     X003
   ──┤├──                               ─────[MOV    H1     D200]
                                        ─────[MOV    H6     D201]
                                        ─────[MOV    H0     D202]
                                       ─────[MOV    H8     D203]
                                        ─────[MOV    H0     D204]
                                        ─────[MOV    H0     D205]
                                      ─────[MOV    K6     D3]
                                     ─────[CALL         P2]
                                       ─────[MOV    D31    D206]
                                       ─────[MOV    D32    D207]
```

图 4-29（续）

思考与练习

一、简答题

1. 变频器共有几种通信方式？请说明各自的特点。
2. 采用共直流母线的供电有什么意义？应该如何实现。
3. 请对过电流跳闸的原因进行分析。
4. 请对电压跳闸的原因进行分析。
5. 请对电动机不转的原因进行分析。

二、分析设计题

1. 图4-30所示为一种应用较广泛的共用直流线方案，试分析该方案包括哪些部分。并说明多电动机驱动设备采用共用直流母线方案的特点。

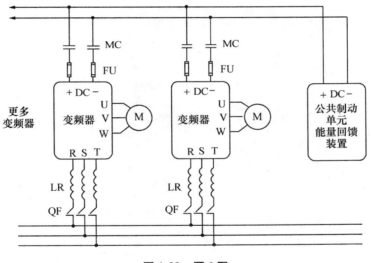

图 4-30　题 6 图

2. 卧式螺旋离心机硬件如图 4-26 所示，如果用西门子 MM440 变频器控制，试设置其参数。

参考文献

[1] 陶权，吴尚庆. 变频器应用技术［M］. 广州：华南理工大学出版社，2009.

[2] 韩安荣. 通用变频器及其应用［M］. 2版. 北京：机械工业出版社，2000.

[3] 李方圆. 变频器控制技术［M］. 北京：电子工业出版社，2010.

[4] 王建，徐洪亮. 三菱变频器入门与典型应用［M］. 北京：中国电力出版社，2009.

[5] 邓其贵，周炳. 变频器操作与工程应用项目［M］. 北京：北京理工大学出版社，2009.

[6] 蔡杏山，刘凌云. 起步轻松学变频器技术［M］. 北京：人民邮电出版社，2009.

[7] 施利春，李伟. 变频器操作实训［M］. 北京：机械工业出版社，2007.

[8] 张燕宾. 变频器调速460问［M］. 北京：机械工业出版社，2008.

[9] 康梅，朱莉. 变频器使用指南［M］. 北京：化学工业出版社，2008.

[10] 吕汀，石红梅. 变频器技术原理与应用［M］. 北京：机械工业出版社，2007.